杨斌 著

低温沼气发酵微生物群落结构及多样性

化学工业出版社
·北京·

内容简介

《低温沼气发酵微生物群落结构及多样性》从低温沼气发酵过程的微生物学角度，分析低温沼气发酵系统中微生物群落结构与多样性的时间动态、非生物因子的时间动态以及微生物与非生物因子的相关性，揭示低温沼气发酵系统这一“黑箱”所蕴藏的微生物群落结构与多样性、微生物群落演替及时间动态变化，及其与环境因子之间的相关性等生态学基本问题，以期为优良低温沼气发酵微生物资源的挖掘和高效低温沼气发酵接种物的获得提供一定帮助。

本书可供农业生物环境与能源工程、微生物学、生态学、环境工程专业的本科生、研究生及相关专业的教师、研究人员参考和使用。

图书在版编目（CIP）数据

低温沼气发酵微生物群落结构及多样性/杨斌著. —北京：化学工业出版社，2023.6

ISBN 978-7-122-43070-0

Ⅰ.①低… Ⅱ.①杨… Ⅲ.①沼气-发酵-微生物-研究 Ⅳ.①S216.4

中国国家版本馆CIP数据核字（2023）第041745号

责任编辑：袁海燕　　装帧设计：王晓宇
责任校对：李雨函

出版发行：化学工业出版社（北京市东城区青年湖南街13号　邮政编码100011）
印　　装：北京印刷集团有限责任公司
787mm×1092mm　1/16　印张9¾　字数208千字　　2023年6月北京第1版第1次印刷

购书咨询：010-64518888　　售后服务：010-64518899
网　　址：http://www.cip.com.cn
凡购买本书，如有缺损质量问题，本社销售中心负责调换。

定　　价：98.00元

前言

低温是限制沼气发酵技术向高纬度地区和高原地区推广的重要因素，有研究显示，中国75％以上的户用沼气池受到低温的影响而运行不良。从畜禽粪便和农作物秸秆等沼气原料资源量的角度看，黑龙江、吉林、辽宁等高纬度省份属于资源量丰富地区，云南等高原省份属于资源量中等地区，均具备了大规模推广沼气的原料条件；但这些地区沼气发展的实际情况却远远落后于全国平均水平。在低温沼气发酵系统中，低温环境不仅会抑制沼气菌群的代谢活性，使生化反应的速率降低，同时还使发酵料液的黏度增加、有机质的降解效率降低。为提高低温环境下沼气发酵系统的运行效率，在工程上主要采用各种加热保温设备来提高沼气发酵系统的运行温度，但加温装置无疑大大增加了工程投资和运行成本，同时加热处理并没有完全消除低温对沼气发酵的影响。因而，如何因地制宜地找到一种实用且具有可操作性的方法来提升低温沼气发酵系统的运行效率，是本书在工程应用方面的选题背景。

近年来高效低温沼气技术的研究与设计成为关注的热点，由于沼气发酵是微生物代谢的过程，因而其性能与微生物密切相关。众多研究人员对低温沼气发酵系统这一“黑箱”所蕴藏的微生物进行了深入的研究，并初步揭示了低温沼气发酵微生物的群落组成与功能；但在低温沼气发酵系统中，诸如微生物优势种群的演替（时间动态）、环境因子（生物因子和非生物因子）对微生物群落结构与多样性的影响、环境因子之间的相互关系等生态学基本问题，还不是很清楚，有待进一步研究、阐明。为此，本书作者分别在15℃、9℃和4℃的低温条件下驯化沼气发酵接种物；然后采用批量发酵工艺，将驯化得到的15℃低温接种物、9℃低温接种物和4℃低温接种物，分别接种至猪粪原料中，进行9℃低温发酵，形成3个低温沼气发酵系统（对应A系统、B系统、C系统），并综合应用非生物因子分析法、生物因子分析法（16S rDNA扩增子测序）和SPSS相关性分析法，对供试验的低温沼气发酵系统中的微生物生态学基本问题进行研究，以期为优良低温沼气发酵微生物资源的挖掘和高效低温沼气发酵接种物的获得提供一定帮助。

《低温沼气发酵微生物群落结构及多样性》系统论述了低温沼气发酵系统中细菌和古菌的群落结构与多样性，揭示了低温沼气发酵系统中低温功能微生物随发酵时间的变化及演替规律（时间动态），以及生物因子（细菌、古菌）和非生物因子（沼气产量、CH_4产量、CO_2产量、产气速率、pH值、TS、VS、VFAs、sCOD、NH_3-N）对微生物群落的影响，生物因子之间的相关性、非生物因子之间的相关性、生物因子与非生物因子之间的相关性等生态学基本问题。本书第1章概述了沼气发酵的研究及应用，第2章介绍了低温沼气发酵微生物研究的材料与方法，第3章研究了低温沼气发酵系统微生物群落结构多样性，第4章对低温沼气发酵微生物及其影响因子进行了讨论，第5章总结了低温沼气发酵微生物的研究并对进一步研究的方向提出了展望。目前市面上出现了较多关于沼气技术的书籍，但大多涉及的是工艺方面的研究，而本书主要从微生物的角度来探讨沼气发酵系统中的生态学基本问题，类似专著较少，且现在国家大力提倡交叉学科建设，本书较好地体现了生物学与农业工程学科的交叉，可为相关学科专业的本科生、研究生及教师提供有意义的参考。

本书的研究内容是在云南师范大学张无敌研究员、云南大学崔晓龙研究员和云南师范大学尹芳教授的精心指导下完成的，在此，我谨向张老师、崔老师和尹老师表达我衷心的感恩之情。本书的研究得到了云南省基础研究计划面上项目（2019FB074、202001AT070094）、云南省万人计划产业技术领导人才项目（20191096）以及云南省沼气工程技术研究中心的支持和资助，在此一并表示感谢。

由于本书内容涉及面较为广泛，著者水平有限，书中难免存在不足之处，欢迎读者批评指正。

著者

2023 年 1 月

目录

主要英文缩略表

英文缩写	英文全称	中文名称
PCR	Polymerase Chain Reaction	聚合酶链式反应
DGGE	Denaturing Gradient Gel Electrophoresis	变性梯度凝胶电泳
OTU	Operational Taxonomic Unit	操作分类单元
FISH	Fluorescent *in situ* Hybridization	荧光原位杂交
OLR	Organic Loading Rate	有机负荷率
CSTR	Complete Stirred Tank Reactor	完全混合反应器
AF	Anaerobic Filter	厌氧滤器
UASB	Up-flow Anaerobic Sludge Bed	上流式厌氧污泥床
IC	Internal Circulation	内循环厌氧反应器
EGSB	Expanded Granular Sludge Bed	膨胀颗粒污泥床
TS	Total Solids	总固体含量
VS	Volatile Solids	挥发性固体
VFAs	Volatile Fatty Acids	挥发性脂肪酸
COD	Chemical Oxygen Demand	化学需氧量
sCOD	Soluted Chemical Oxygen Demand	溶解性化学需氧量
F/M	Food/Microorganism	基质与微生物之比

第 1 章

沼气发酵的研究及应用概述

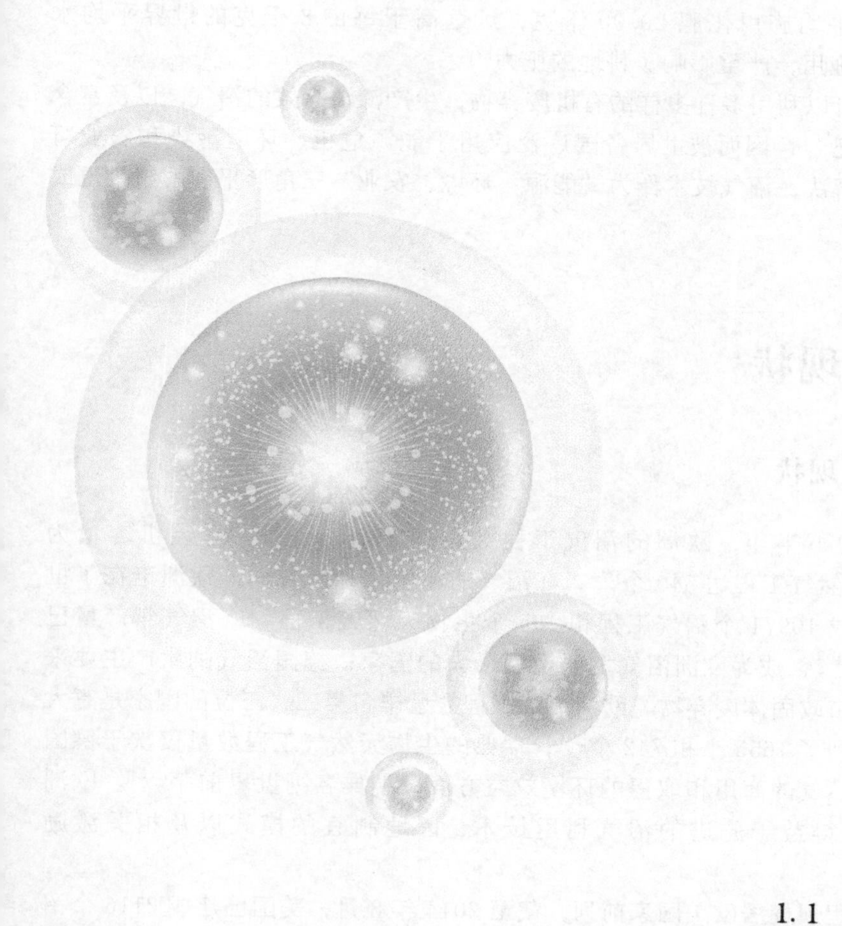

随着全球经济的快速发展和人口数量的急剧膨胀，能源危机、环境污染和农业可持续发展等问题也日益突出。

英国石油公司《世界能源统计年鉴》[1] 显示，截至 2020 年底，煤炭、石油和天然气的世界探明储量分别为 1.07 万亿吨、2444 亿吨和 188.1 万亿立方米，储采比分别为 139 年、53.5 年和 48.8 年；可见全球化石燃料探明储量已近枯竭，进入倒计时阶段。人类社会在不断发展的同时，产生了大量的废弃物，以我国为例，据第二次全国污染源普查数据[2]，全国工业源、农业源和生活源 COD 排放量分别为 90.96 万吨、1067.13 万吨和 983.44 万吨，给生态环境带来了沉重的负担。制约农业可持续发展的一个重要因素是耕地肥力下降[3]，以我国为例，全国 26%的耕地土壤有机质含量不到 1%[4]，与之相对应的是，化肥施用量过大，2020 年为 5250.7 万吨[5]，据测算，农作物每亩平均施用化肥 20.90 千克，远远高于每亩 8 千克的世界平均水平[6]；化肥的过度施用，严重影响了耕地的肥力[7]。

沼气技术由于可以利用多种多样的有机废弃物，生产清洁高效的沼气，以及富含养分和有机质的沼肥[8]，因而被世界各国广泛应用于能源危机、环境污染和农业可持续发展等问题的解决，沼气技术作为“能源、环境、农业”三角形平衡的纽带已成为全球共识。

1.1 沼气发展现状

1.1.1 国外沼气发展现状

截至 2017 年的下半年，欧洲的沼气工程数量达 17783 个[9]，总装机容量为 10532MW；生物天然气工程达 540 个[9]，在沼气的高值化利用方面，欧洲走在了世界前列。德国已建成 10971 个沼气工程和 195 个生物天然气工程[9]，沼气年产量已超过 200 亿立方米[10]，成为欧洲沼气发展规模最大的国家；德国沼气的生产主要来源于农业废弃物和市政固体废弃物。欧洲沼气工程数量排名第二、三位的国家是意大利和法国，分别达到了 1655 个和 742 个[9]；瑞典的生物天然气工程数量仅次于德国和英国，在生物天然气的商用和取得的环境效益方面，瑞典名列世界前茅[11]。欧洲沼气的快速发展，得益于先进的沼气利用技术、因地制宜的模式以及相关激励政策[12]。

美国的沼气工程规模居欧美国家前列，截至 2014 年 8 月，美国已建成 2116 个沼气工程，其中，畜禽养殖场沼气工程有 239 个，垃圾填埋场沼气工程 636 个，污水处理厂沼气工程 1241 个[13]；美国在垃圾填埋回收沼气领域处于世界领先地位，填埋场沼气产量占美国沼气产量的 43%[13]。

发展中国家中，印度在农村户用沼气池方面发展较好[11]。1982 年，印度开始实施“户用沼气国家计划”[14]，截至 2015 年底，农村户用沼气池达 470 万个[15]，主要发酵原料为畜禽粪便和下水道污泥，沼气用于炊事和照明[16]。

1.1.2 中国沼气发展现状

中国在农村户用沼气池和沼气工程方面取得了长足进展。截止到2020年底，中国的农村户用沼气池保有量为3380万个[17]，中国已成为全球农村户用沼气池发展规模最大的国家；以农业废弃物为原料的各类中小型沼气工程和大型及特大型沼气工程分别为9.49万个和7737个，总装机容量为341.5MW，其中包括64个规模化生物天然气工程；城市废弃物沼气工程1043个，其中市政污泥沼气工程近百个，生活垃圾填埋场652个，餐厨垃圾沼气工程366个；工业有机废水沼气工程约2800个，其中轻工业废水沼气工程1730个，非轻工业废水沼气工程1070个。据测算，中国沼气工程年产沼气量仅占沼气总产量的14%[18]，表明中国的沼气工程产业还有较大的提升空间。鉴于此，中国政府于2015年提出沼气转型升级计划，积极推进规模化大型沼气工程和生物天然气工程的建设。

1.1.3 云南省沼气发展现状

从2002年到2013年，云南省已连续12年将农村户用沼气池建设列为为民办实事的“民心工程”，促进了云南省户用沼气池的发展[19]；到2020年底，云南省农村户用沼气保有量已达232.99万户[20]，户用沼气池已覆盖云南省16个州（市）；云南省的各类沼气工程数量达1574个[20]，沼气工程在云南省的16个州（市）均有分布[21]。

1.2 沼气发酵的研究

1.2.1 沼气发酵的机理

从物质的转化角度来看，阐释沼气发酵机理的理论有：Eckenfelder等学者于1961年提出的“四阶段学说”[8]，Mckinney于1962年提出的“二阶段学说”[22]，以及Lawrence与McCarty于1967年共同提出的“三阶段学说”[22,23]。目前，国内外学者比较公认的是“三阶段学说”。沼气发酵的三阶段学说包含如下3个阶段。

第一阶段——水解和发酵阶段。水解发酵性细菌分泌胞外水解酶，将复杂有机物（即碳水化合物、蛋白质、脂类等非水溶性含碳化合物）水解为小分子有机物（碳水化合物水解成可溶性糖类，蛋白质水解成氨基酸，脂类水解成甘油和脂肪酸）；水解产物被水解发酵性细菌摄入体内，经过发酵作用生成小分子脂肪酸（甲酸、乙酸、丙酸及丁酸等）、醇类、CO_2、H_2、NH_3以及H_2S等。

第二阶段——产氢产乙酸阶段。产氢产乙酸菌将水解和发酵阶段产生的除甲酸、乙酸、甲胺、甲醇以外的小分子脂肪酸（如丙酸、丁酸）及醇类（如乙醇）等中间产物进一步降解成乙酸和 H_2，有时还有 CO_2 生成。值得注意的是，同型产乙酸菌（又称耗氢产乙酸菌）也能产生乙酸，这类细菌既能将糖酵解为乙酸，又能代谢 H_2 和 CO_2 生成乙酸，但产生的乙酸很少，例如在一个 40℃的牛粪沼气发酵罐中，同型产乙酸菌生成的乙酸只占总乙酸含量的1%～2%[8]。

第三阶段——产甲烷阶段。产甲烷菌将各种代谢基质通过不同的路径转化为 CH_4；氢营养型产甲烷菌利用 H_2 和 CO_2 生成 CH_4[24]，乙酸营养型产甲烷菌利用乙酸生成 CH_4[24]，甲基营养型产甲烷菌利用甲醇、甲胺、二甲胺等基质生成 CH_4[24]；在沼气发酵过程中，产甲烷菌最主要的代谢基质为乙酸以及（H_2＋CO_2），CH_4 的产生有 72%来源于乙酸的代谢，28%则来源于（H_2＋CO_2）[25]。

图 1.1 为沼气发酵三阶段学说的代谢过程[26]。需要说明的是，在不同的沼气发酵生态系统中，不是所有的沼气发酵代谢过程均包含 3 个阶段，并且 3 个阶段亦非严格地依次进行[27]。

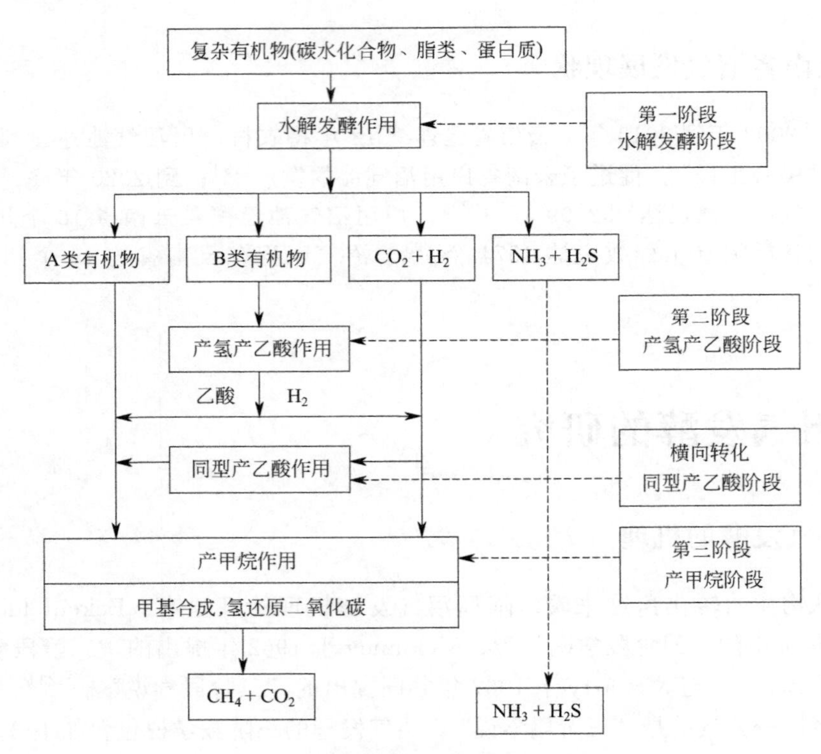

图 1.1　沼气发酵三阶段学说的代谢过程

A 类有机物：产甲烷菌可以直接代谢的基质（如甲酸、甲醇、甲胺及乙酸等）；

B 类有机物：产甲烷菌不能直接代谢的基质（如丙酸、丁酸及乙醇等）

1.2.2 沼气发酵微生物

1.2.2.1 水解发酵性细菌

水解发酵性细菌是一个十分复杂而又庞大的细菌群，主要是专性厌氧和兼性厌氧的异养细菌[27]。水解发酵性细菌主要包括纤维素分解菌、半纤维素分解菌、淀粉分解菌、蛋白质分解菌和脂肪分解菌等[8]。

（1）纤维素分解菌

功能：先将纤维素水解生成葡萄糖等可溶性糖类，再将葡萄糖等可溶性糖类发酵生成小分子脂肪酸及醇类等中间产物[28]。

代表菌种：醋弧菌属（*Acetivibrio*）的解纤维素醋弧菌（*Acetivibrio cellulolyticus*），梭状芽孢杆菌属（*Clostridium*）的粪堆梭菌（*Clostridium stercorarium*）、小生纤维梭菌（*Clostridium cellobioparus*）、食纤维梭菌（*Clostridium cellulovorans*）、溶纸梭菌（*Clostridium papyrosolvens*），拟杆菌属（*Bacteroides*）的产琥珀酸拟杆菌（*Bacteroides succinogenes*）、溶纤维素拟杆菌（*Bacteroides cellulosolvens*），丁酸弧菌属（*Butyrivibrio*）的溶纤维丁酸弧菌（*Butyrivibrio fibrisolvens*），瘤胃球菌属（*Ruminococcus*）的生黄瘤胃球菌（*Ruminococcus flavefaciens*），等等[8,26-28]。

Kong 等[29] 采用 FISH 技术，在喂饲苜蓿或黑小麦的奶牛的瘤胃（天然发酵罐）中发现生黄瘤胃球菌、白色瘤胃球菌（*Ruminococcus albus*）和产琥珀酸丝状杆菌（*Fibrobacter succinogenes*）等细菌主要参与了纤维素的降解。

（2）半纤维素分解菌

功能：先将半纤维素水解生成木糖等可溶性糖类，再将木糖等可溶性糖类发酵生成小分子脂肪酸及醇类等中间产物[8]。

代表菌种：拟杆菌属的栖瘤胃拟杆菌（*Bacteroides ruminocola*）、溶纤维素拟杆菌、溶木聚糖拟杆菌（*Bacteroides xylanisolvens*），丁酸弧菌属的溶纤维丁酸弧菌，等等[8,26,27]。

（3）淀粉分解菌

功能：先水解淀粉生成葡萄糖，再发酵葡萄糖生成小分子脂肪酸及醇类等中间产物[8]。

代表菌种：拟杆菌属的嗜淀粉拟杆菌（*Bacteroides amylophilus*）、栖瘤胃拟杆菌，链球菌属（*Streptococcus*）的牛链球菌（*Streptococcus. bovis*），月形单胞菌属（*Selenomonas*）的反刍月形单胞菌（*Selenomonas Ruminantium*），梭状芽孢杆菌属的丙酮丁醇梭菌（*Clostridium acetobutylicum*）等等[8,26,27]。

Xia 等[30] 对牛（喂饲大麦）瘤胃的淀粉水解菌进行了检测和鉴定，发现了高达70%～80%的淀粉水解菌属于厚壁菌门（Firmicutes）的瘤胃球菌科（Ruminococcaceae）。

（4）蛋白质分解菌

功能： 先水解蛋白质生成氨基酸，再发酵氨基酸生成小分子脂肪酸等中间产物[28]。

代表菌种： 梭状芽孢杆菌属的腐败梭菌（*Clostridium putrificum*）、类腐败梭菌（*Clostridium paraputrificum*）等等[26-28]。

Xia 等[31] 发现，在对牛（喂饲大麦和玉米）瘤胃中，栖瘤胃普雷沃氏菌（*Prevotella ruminicola*）、嗜淀粉瘤胃杆菌（*Ruminobacter amylophilus*）和溶纤维丁酸弧菌等是主要的蛋白质水解菌。

（5）脂肪分解菌

功能： 先水解脂肪生成脂肪酸和甘油，再发酵脂肪酸和甘油生成小分子脂肪酸及醇类等中间产物[8]。

代表菌种： 厌氧弧菌属（*Anaerovibrio*）的解脂厌氧弧菌（*Anaerovibrio lipolytica*）等[26,27]。

Oyeleke 等[32] 在制革废水和花生废弃物的沼气发酵系统中检测到了弧菌属（*Vibrio*）菌的大量存在。

1.2.2.2 产氢产乙酸菌

产氢产乙酸菌是一类严格厌氧的细菌，大部分属于互营细菌，与产甲烷菌之间存在互营联合作用，其生长和代谢依赖于产甲烷菌，即种间氢转移[33]。产氢产乙酸菌在沼气发酵食物链上位于水解发酵性细菌和产甲烷菌之间，在功能生态位上发挥着承上启下的重要作用，能将水解发酵性细菌代谢产生的小分子脂肪酸（如丙酸、丁酸）及醇类（如乙醇）等进一步降解为乙酸以及（H_2+CO_2），为产甲烷菌提供可以直接代谢的基质[34]。

表 1.1 为沼气发酵系统中存在互营联合作用的代表性产氢产乙酸菌和产甲烷菌。

表 1.1 种间氢转移微生物

基质	产氢产乙酸菌	产甲烷菌	参考文献
丙酸	施林克厌氧肠状菌（*Pelotomaculum schinkii*）	亨氏甲烷螺菌（*Methanospirillum hungatei*）	[35]
丙酸	食丙酸厌氧肠状菌（*Pelotomaculum propionicicum*）	亨氏甲烷螺菌/热自养甲烷嗜热杆菌（*Methanothermobacter thermautotrophicus*）	[36]
丙酸	互营肉毒梭菌（*Syntrophobotulus glycolicus*）	亨氏甲烷螺菌	[27]
丙酸	沃氏互营杆菌（*Syntrophobacter wolinii*）	亨氏甲烷螺菌	[27]
丁酸	沃氏互营单胞菌（*Syntrophomonas wolfei*）	亨氏甲烷螺菌/嗜树木甲烷杆菌（*Methanobacterium arbophilicum*）	[37]
C4～C11 脂肪酸	布氏共养生孢菌（*Syntrophospora bryantii*）	亨氏甲烷螺菌	[38,39]
苯甲酸	巴斯韦尔氏互养菌（*Syntrophus buswellii*）	亨氏甲烷螺菌	[40,41]

续表

基质	产氢产乙酸菌	产甲烷菌	参考文献
乳酸	普通脱硫弧菌(*Desulfovibrio vulgaris*)	海藻甲烷球菌(*Methanococcus maripaludis*)	[42]
乙醇	S有机体(S organism)	布氏甲烷杆菌(*Methanobacterium bryantii*)	[43]

1.2.2.3 同型产乙酸菌

同型产乙酸菌是一类混合营养型的厌氧细菌，既可以利用葡萄糖、果糖等有机基质产生乙酸，又可以利用 H_2 和 CO_2 产生乙酸[34]。同型产乙酸菌的代表菌种[8,27]有：醋酸杆菌属（*Acetobacterium*）的伍氏醋酸杆菌（*Acetobacterium woodii*）、威氏醋酸杆菌（*Acetobacterium wieringae*），梭状芽孢杆菌属的醋酸梭菌（*Clostridium aceticum*）、嗜热自养梭菌（*Clostridium thermoautotrophicum*），丁酸杆菌属（*Butyribacterium*）的食甲基丁酸杆菌（*Butyribacterium methylotrophicum*）。Balch 等以果糖为发酵基质，对伍氏醋酸杆菌进行了产乙酸特性的研究，结果发现有92%～95%的果糖转化为乙酸[44]。

1.2.2.4 产甲烷菌

产甲烷菌的功能是将水解和发酵阶段、产氢产乙酸阶段产生的 H_2、CO_2 以及乙酸（部分来自同型产乙酸菌）等基质，进一步代谢为 CH_4[45]；产甲烷菌处于沼气发酵食物链的末端，是沼气发酵微生物的核心[46]。

根据威利出版社（John Wiley & Sons） 2015 年出版的《伯杰氏细菌古生菌和细菌分类学手册》(*Bergey's Manual of Systematic of Archaea and Bacteria*)[47]，结合原核生物名录（List of Prokaryotic names with Standing in Nomenclature，LPSN）[48]系统中查阅到的产甲烷菌种，其作者对产甲烷菌［古生菌域（*Archaea*）/广古生菌界（*Euryarchaeota*）/广古生菌门（*Euryarchaeota*）］[49]的分类进行了总结，产甲烷菌分类为 5 纲 7 目，分别是甲烷杆菌纲（Methanobacteria）的甲烷杆菌目（Methanobacteriales），甲烷球菌纲（Methanococci）的甲烷球菌目（Methanococcales），甲烷微菌纲（Methanomicrobia）的甲烷微菌目（Methanomirobiales）、甲烷胞菌目（Methanocellales）和甲烷八叠球菌目（Methanosarcinales），甲烷火菌纲（Methanopyri）的甲烷火菌目（Methanopyrales）以及甲烷马赛球菌纲（Methanomassiliicocci）的甲烷马赛球菌目（Methanomassiliicoccales）；上述 5 纲 7 目的产甲烷菌可继续分为 14 科、 33 属、 197 种，参见表 1.2。

产甲烷菌的能源基质和碳源基质主要有 5 种，即（H_2+CO_2）、乙酸、甲酸、甲醇、甲胺[50]。由表 1.2 可知，有 22 个产甲烷菌属能利用 H_2 还原 CO_2 生成 CH_4，为氢营养型产甲烷菌属，其中有 6 个属仅能利用（H_2+CO_2）；有 3 个产甲烷菌属能利用乙酸生产 CH_4，其中 2 个属于专性乙酸型产甲烷菌属；有 8 个菌属仅能利用甲胺、甲醇等甲基化合物，为甲基营养型产甲烷菌属[27,47,51,52]。

表 1.2 产甲烷菌的最新分类表（截至 2016 年年底）

目	科	属	种	主要营养类型
甲烷杆菌目 (Methanobacteriales)	甲烷杆菌科 (Methanobacteriaceae)	甲烷杆菌属(*Methanobacterium*)	34	氢营养型
		甲烷短杆菌属(*Methanobrevibacter*)	15	氢营养型
		甲烷球形菌属(*Methanosphaera*)	2	甲基营养型
		甲烷热杆菌属(*Methanothermobacter*)	8	氢营养型
	甲烷热菌科 (Methanothermaceae)	甲烷热菌属(*Methanothermus*)	2	氢营养型(专性)
甲烷球菌目 (Methanococcales)	甲烷暖球菌科 (Methanocaldococcaceae)	甲烷暖球菌属(*Methanocaldococcus*)	7	氢营养型(专性)
		甲烷炎菌属(*Methanotorris*)	2	氢营养型(专性)
	甲烷球菌科 (Methanococcaceae)	甲烷球菌属(*Methanococcus*)	14	氢营养型(专性)
		甲烷热球菌属(*Methanothermococcus*)	2	氢营养型
甲烷微菌目 (Methanomicrobiales)	甲烷粒菌科 (Methanocorpusculaceae)	甲烷粒菌属(*Methanocorpusculum*)	5	氢营养型
	甲烷微菌科 (Methanomicrobiaceae)	甲烷囊菌属(*Methanoculleus*)	13	氢营养型
		甲烷泡菌属(*Methanofollis*)	5	氢营养型
		产甲烷菌属(*Methanogenium*)	12	氢营养型
		甲烷裂叶菌属(*Methanolacinia*)	2	氢营养型
		甲烷微菌属(*Methanomicrobium*)	2	氢营养型
		甲烷盘菌属(*Methanoplanus*)	3	氢营养型
	甲烷螺菌科 (Methanospirillaceae)	甲烷螺菌属(*Methanospirillum*)	4	氢营养型
	产甲烷石状菌科 (Methanocalculaceae)	产甲烷石状菌属(*Methanocalculus*)	6	氢营养型
甲烷胞菌目 (Methanocellales)	甲烷胞菌科 (Methanocellaceae)	甲烷胞菌属(*Methanocella*)	3	氢营养型
	甲烷规则菌科 (Methanoregulaceae)	甲烷绳菌属(*Methanolinea*)	2	氢营养型
		甲烷规则菌属 *Methanoregula*	2	氢营养型(专性)
		Methanosphaerula ❶	1	氢营养型
甲烷八叠球菌目 (Methanosarcinales)	甲烷鬃菌科 (Methanosaetaceae)	甲烷鬃菌属(*Methanosaeta*)	4	乙酸营养型(专性)
		甲烷丝菌属(*Methanothrix*)	4	乙酸营养型(专性)
	甲烷八叠球菌科 (Methanosarcinaceae)	甲烷类球菌属(*Methanococcoides*)	4	甲基营养型
		甲烷盐菌属(*Methanohalobium*)	1	甲基营养型
		甲烷嗜盐菌属(*Methanohalophilus*)	6	甲基营养型
		甲烷叶菌属(*Methanolobus*)	9	甲基营养型
		甲烷咸菌属(*Methanosalsum*)	2	甲基营养型
		甲烷八叠球菌属(*Methanosarcina*)	16	氢和乙酸营养型
		甲烷食甲基菌属(*Methanomethylovorans*)	3	甲基营养型

❶ 该产甲烷菌目前无中文名称

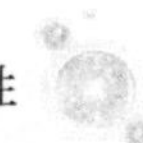

续表

目		科	属	种	主要营养类型
甲烷火菌目(Methanopyrales)		甲烷火菌科(Methanopyraceae)	甲烷火菌属(*Methanopyrus*)	1	氢营养型(专性)
甲烷马赛球菌目(Methanomassiliicoccales)		甲烷马赛球菌科(Methanomassiliicoccaceae)	甲烷马赛球菌属(*Methanomassiliicoccus*)	1	甲基营养型
共计	7目	14科	33属	197种	—

1.2.3 沼气发酵系统中微生物的群落结构与多样性

沼气的形成是一个微生物代谢的过程；在沼气发酵系统中，沼气发酵微生物的群落结构与多样性随发酵原料、环境因子和反应器类型等工艺参数的不同而异。

1.2.3.1 发酵原料对沼气发酵微生物群落结构与多样性的影响

不同的沼气发酵原料，其大分子有机聚合物（碳水化合物、蛋白质、脂类等）的组成和数量也不同，导致沼气发酵微生物的群落结构与多样性也不尽相同。

在猪粪沼气发酵系统中，厚壁菌门、拟杆菌门（Bacteroidetes）和螺旋体门（Spirochaetes）为主要的细菌群落[53]，其中梭菌科（Clostridaceae）和芽孢杆菌科（Bacillaceae）为厚壁菌门的主要群落；厚壁菌门、拟杆菌门和螺旋体门属于水解发酵性细菌，厚壁菌门中的部分菌属（如梭状芽孢杆菌属）为纤维素分解菌，拟杆菌门中的部分菌属，如产乙酸嗜蛋白质菌（*Proteiniphilum acetatigenes*）为蛋白质分解菌。布雷斯甲烷袋状菌（*Methanoculleus bourgensis*）、巴氏甲烷八叠球菌（*Methanosarcina barkeri*）和亨氏甲烷螺菌为主要的产甲烷菌；布雷斯甲烷袋状菌的主要代谢基质为（H_2+CO_2），巴氏甲烷八叠球菌的主要代谢基质为乙酸以及（H_2+CO_2），亨氏甲烷螺菌的主要代谢基质为（H_2+CO_2），表明猪粪沼气发酵系统 CH_4 产生的路径主要为 H_2 还原 CO_2 和乙酸降解。

在秸秆（水稻秸秆、玉米秸秆、小麦秸秆）沼气发酵中[54]，厚壁菌门、变形菌门（*Proteobacteria*）和拟杆菌门为细菌的主要类群，相对丰度分别为 19.3%～47.2%、4.8%～24.3%、2.5%～15.5%；厚壁菌门中的优势细菌为梭状芽孢杆菌属的 *Clostridium jejuense*❶（纤维素分解菌），变形菌门中的优势细菌为假单胞菌属（*Pseudomonas*）的厦门假单胞菌（*Pseudomonas xiamenensis*）（具有水解功能），拟杆菌门中的优势菌种为噬纤维菌属的发酵噬纤维菌（*Cytophaga fermentans*）（具有发酵产酸功能）。甲烷鬃菌属的联合鬃毛甲烷菌（*Methanosaeta concilii*）的相对丰度为 69.2%～71.9%，为优势产甲烷菌，其次为甲烷绳菌属的迟缓甲烷绳菌（*Methanolinea tarda*）和甲烷螺菌属的亨氏甲烷螺菌；联合鬃毛甲烷菌为专性乙酸

❶ 该菌种目前无中文名称。

型产甲烷菌，迟缓甲烷绳菌和亨氏甲烷螺菌为氢营养型产甲烷菌，表明秸秆沼气发酵系统中产甲烷菌的代谢基质主要为乙酸和（H_2+CO_2），又以乙酸为主。

在淀粉废水沼气发酵系统中，主要的细菌类群有微球菌属（*Micrococcus*）的变易微球菌（*Micrococcus varians*）、尿素微球菌（*Micrococcus ureae*）、亮白微球菌（*Micrococcus candidus*）等放线菌门（Actinobacteria）所属细菌[26]；专性乙酸型产甲烷菌的甲烷鬃菌属（优势产甲烷菌为联合鬃毛甲烷菌）和专性氢营养型产甲烷菌的甲烷球菌属为主要的产甲烷菌类群[55]，淀粉废水沼气发酵系统中同时存在着乙酸降解和 H_2 还原 CO_2 这两条产甲烷路径。

在富含蛋白质的沼气发酵系统中，主要的细菌类群有芽孢杆菌属（*Bacillus*）的蜡样芽孢杆菌（*Bacillus cereus*）、环状芽孢杆菌（*Bacillus circulans*）以及假单胞菌属等厚壁菌门所属细菌[26]；甲烷鬃菌属和甲烷丝菌属为优势产甲烷菌属[56]，均为专性乙酸型产甲烷菌属。

在棕榈油厂废水沼气发酵系统中[57]，优势产甲烷菌属为甲烷鬃菌属和甲烷八叠球菌属，其中，甲烷鬃菌属的联合鬃毛甲烷菌在该系统中发挥着重要的代谢作用；富含油脂的发酵原料，其沼气发酵系统中主要的细菌类群为厌氧弧菌属的解脂厌氧弧菌、沙雷氏菌属的印度沙雷氏菌（*Serratia indicans*）等[26]。

在城镇污水沼气发酵系统中[58]，细菌的主要门类为变形菌门（相对丰度9.52%～13.50%）、拟杆菌门（相对丰度 7.18%～10.65%）和厚壁菌门（相对丰度 7.53%～9.46%）；其中，变形菌门的主要功能是具有水解作用，可利用淀粉、长链脂肪酸及氨基酸等，拟杆菌门主要具有降解大分子碳水化合物产酸的功能，厚壁菌门主要进行纤维素降解、有机物水解和长链脂肪酸降解。甲烷微菌纲是该系统中主要的产甲烷菌类群，其相对丰度为 64.37%～73.20%，其中，甲烷鬃菌属和甲烷八叠球菌属为主要的产甲烷菌属，表明城镇污水沼气发酵系统主要存在乙酸型产甲烷路径。

在啤酒厂废水沼气发酵系统中，厚壁菌门和 α-变形菌门为主要的细菌类群[59]，此外还存在硝化螺旋菌门（Nitrospira）和脱铁杆菌门（Deferribacteres）；厚壁菌门的主要菌属为醋酸杆菌属，该属的大部分菌种为同型产乙酸菌，表明该系统存在同型产乙酸过程，α-变形菌门的主要菌属为具有发酵产酸功能的鞘氨醇盒菌（*Sphingopyxis*）。产甲烷菌主要由甲烷鬃菌属和甲烷八叠球菌属构成，分别与联合鬃毛甲烷菌和马氏甲烷八叠球菌（*Methanosarcina mazei*）的同源性最高。

1.2.3.2 pH 值对沼气发酵微生物群落结构与多样性的影响

沼气发酵微生物最适宜的 pH 值范围为 6.5～7.5[60]，适宜的 pH 值是保证沼气发酵正常运行的关键工艺指标；在沼气发酵微生物中，产甲烷菌对 pH 值的变化比细菌敏感。细菌类群在不同 pH 值系统中的差异不明显[61]，主要菌群为梭菌目（Clostridiales）、拟杆菌目（Bacteroidales），在厌氧消化过程中主要发挥水解及发

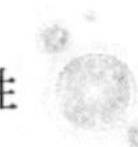

酵作用。在 pH 值为 7.0 的系统中发现了螺旋体门的鳞球菌属（*Sphaerochaeta*），该菌群具有发酵己糖和戊糖生成甲酸、乙酸及乙醇的功能；pH 值为 7.0 系统中的主要产甲烷菌群为甲烷粒菌属（氢营养型），而 pH 值为 6.0 和 8.0 系统中的主要产甲烷菌群却是甲烷八叠球菌属（氢和乙酸营养型），结果表明，不同的 pH 值会影响 CH_4 的生成路径。

1.2.3.3 碳氮比对沼气发酵微生物群落结构与多样性的影响

适宜的碳氮比（C/N 比）是维持沼气发酵正常运行的重要工艺指标，研究表明，沼气发酵适宜的 C/N 比为（20～30）：1[62]。不同 C/N 比系统中的主要细菌群落差别不大[63]，均为厚壁菌门的嗜热盐丝菌属（*Halothermothrix*）、月形单胞菌属（*Selenomonas*）及嗜盐菌属（*Halocella*）；而产甲烷菌的群落结构则出现较大的差异，甲烷囊菌属和甲烷热杆菌属是 C/N 比为 20：1 系统的主要产甲烷菌属，均为氢营养型产甲烷菌，氢和乙酸营养型的甲烷八叠球菌属是 C/N 比为 30：1 系统的优势产甲烷菌属。

1.2.3.4 OLR 对沼气发酵微生物群落结构与多样性的影响

有机负荷率（OLR）是沼气发酵反应器的一个重要运行指标，不同的沼气发酵反应器适用不同的 OLR。OLR 对细菌群落结构的影响较大[64]，厚壁菌门的梭状芽孢杆菌属是低 OLR 系统的主要细菌群落，而 γ-变形菌门、放线菌门、拟杆菌门则是高 OLR 系统的主要细菌类群；OLR 对产甲烷菌群结构的影响较小，甲烷鬃菌属是高 OLR、低 OLR 系统共同的优势产甲烷菌属。

1.2.3.5 温度对沼气发酵微生物群落结构与多样性的影响

温度与微生物的代谢能力密切相关，是控制沼气发酵性能的重要工艺参数，在一定范围内，温度越高，沼气微生物的代谢越旺盛，越有利于提高沼气的产量[8]；按照发酵温度的不同，可将沼气发酵划分为低温发酵（4～20℃）[65]、近中温发酵（20～30℃）[66]、中温发酵（30～40℃）[66] 以及高温发酵（50～60℃）[67]。产甲烷菌对温度的适应能力要强于细菌[66]；厚壁菌门和拟杆菌门是低温沼气系统、中温（含近中温）沼气系统和高温沼气系统的主要细菌类群；氢营养型产甲烷菌是低温沼气系统的主要产甲烷菌群，而乙酸营养型（专性和兼性）产甲烷菌则是中温（含近中温）沼气系统和高温沼气系统的优势产甲烷菌群。

1.2.3.6 反应器类型对沼气发酵微生物群落结构与多样性的影响

常见沼气发酵反应器的工艺类型有批量发酵工艺、农村户用水压式沼气池、第一代高效厌氧反应器（如 CSTR）、第二代高效厌氧反应器（如 AF 和 UASB）、第三代高效厌氧反应器（如 IC 和 EGSB）[8,68]，不同的反应器具有不同的沼气发酵性能，形成不同的沼气发酵生境，影响着微生物群落的结构与多样性：

在猪粪批量发酵系统中[69]，梭状芽孢杆菌属和互营菌属（*Syntrophus*）是整个沼气发酵过程的优势菌属，但梭状芽孢杆菌属的相对丰度随着发酵的进行而不断减少，而与产甲烷菌互营共生的互营菌属，其相对丰度却随着发酵的进行而不断增加；甲烷鬃菌属为优势产甲烷菌属。在采用半连续发酵工艺的农村户用沼气池中[70]，绿弯菌门（Chloroflexi）、拟杆菌门、厚壁菌门和变形菌门是主要的细菌类群，甲烷鬃菌属的联合鬃毛甲烷菌是优势产甲烷菌。在处理污泥的 CSTR 反应器中[71]，放线菌门、变形菌门、拟杆菌门和绿弯菌门是主要的细菌类群；乙酸营养型的甲烷鬃菌属是优势产甲烷菌属。在处理糖蜜废水的 UASB 反应器中[72]，厚壁菌门的真杆菌科（Eubacteriaceae）是优势的细菌类群，产甲烷菌的优势菌属为甲烷八叠球菌属；产气速率与甲烷八叠球菌属和甲烷鬃菌属呈正相关，而与甲烷泡菌属呈负相关，甲烷八叠球菌属与双歧杆菌属（*Bifidobacterium*）和甲烷鬃菌属呈负相关，而甲烷鬃菌属与双歧杆菌属呈正相关。在处理猪场粪便污水的 IC 反应器中[73]，细菌的优势类群为厚壁菌门、拟杆菌门和变形菌门，其中，属水平上的优势类群为梭状芽孢杆菌属、互营单胞菌属（*Syntrophomonas*）和互营菌属，甲烷鬃菌属和甲烷八叠球菌属为优势产甲烷菌属。

1.3 低温沼气发酵的研究

1.3.1 低温是限制沼气推广的重要影响因素

低温是限制沼气发酵技术向高纬度地区和高原地区推广的重要因素[74,75]；以中国为例，陈豫等[76] 以发酵温度为依据，形成了农村户用沼气发酵适宜性区划图，仅有云南、海南、广东、广西和福建等 5 省（区）为最适宜区，非适宜区包含黑龙江、西藏和青海，其余为适宜区和次适宜区。而即使在最适宜区的云南，处于高原寒冷环境的迪庆，其农村户用沼气池的发展也十分缓慢[21]；同时，有研究显示，中国 75% 以上的户用沼气池受到低温的影响而运行不良[77]。从畜禽粪便和农作物秸秆等沼气原料资源量的角度看[18]，黑龙江、吉林、辽宁等高纬度省份属于资源量丰富地区，云南等高原省份属于资源量中等地区，均具备了大规模推广沼气的原料条件，但这些地区沼气发展的实际情况却是远远落后于全国平均水平。

在低温沼气发酵系统中，低温环境不仅会抑制沼气菌群的代谢活性，使生化反应的速率降低，同时还使发酵料液的黏度增加、有机质的降解效率降低[78]。为提高低温环境下沼气发酵系统的运行效率，在工程上主要采用各种加热保温设备来提高沼气发酵系统的运行温度[79]，比如太阳能加热、沼气锅炉加热、热泵加热等等[80-82]；加

热处理的方式虽然能提升沼气系统的运行效率、增加沼气产量，但无疑大大增加了工程投资和运行成本，同时加热处理的方式对低温沼气发酵系统而言是治标不治本的，并没有完全消除低温对沼气发酵的影响。

因而，如何因地制宜地找到一种实用且具有可操作性的方法来提升低温沼气发酵系统的运行效率，是本书研究在工程应用方面的选题背景。鉴于接种物的质量对沼气发酵的正常启动和运行产气关系密切[83]，因此若要从根本上减弱甚至消除低温对沼气发酵的抑制影响，应从培育高效低温沼气发酵接种物的研究入手。

1.3.2 低温沼气发酵微生物的基础研究

地球表面约有75%的生物圈处于冷环境中[84]，且在低温生境中，生存着种类繁多、能适应各种冷环境的低温微生物。近年来，低温微生物已成为极端自然环境微生物领域的研究热点[85]，其中就包括低温沼气发酵微生物[86]。由于沼气发酵系统中的众多微生物为未培养微生物[87,88]，这使得沼气发酵系统成为"黑箱"（black box）[89]；近年来，研究人员应用传统微生物学技术（纯培养分析）和微生物分子生态学技术（免培养分析）[90]，对低温沼气发酵系统这一"黑箱"所蕴藏的微生物进行了深入研究。

1.3.2.1 低温功能微生物的筛选分离与促进低温沼气发酵的研究

宋文芳[91] 利用Hungate厌氧技术从西藏若尔盖草甸淤泥中分离并获得一株低温纤维素分解菌CD-2，该菌种与溶纸梭菌（*Clostridium papyrosolvensde*）相似度为99.1%，生长温度范围为5～40℃，并将该菌种放大培养后投加到实验型猪粪低温（15℃）沼气发酵系统中，结果显示该菌种对低温沼气发酵有一定促进作用但效果不显著。万永青等[92] 从内蒙古某低温沼气池的沼液中分离获得两株发酵产酸菌FJ-8和FJ-15，分别属于假单胞菌属和希瓦氏菌属（*Shewanella*），经富集培养后添加到实验型牛粪和甜高粱秸秆混合低温（4℃）沼气发酵系统中，对低温发酵产生了一定的促进效果。马金亮等[93] 从河北塞罕坝湿地的污泥中分离并获得一株低温产甲烷菌SHB（属于甲烷杆菌属，最适生长温度范围为16～40℃）；李会等[94] 从辽宁某水库的冬季湖底淤泥中分离获得一株低温产甲烷菌LN-cl，该菌种与拉布雷亚甲烷粒菌（*Methanocorpusculum labreanum*）的相似度为99%，生长温度范围为4～45℃，研究发现该菌种能在9℃条件下正常发酵产沼气。

综上，众多学者从各种低温生境中获得了低温沼气发酵功能微生物[95-99]，在促进低温沼气发酵方面具有较好的应用前景；但沼气发酵微生物是一类种群复杂而又数量庞大的复合菌群，若利用单一功能菌种来促进低温沼气发酵，产生的提升效果毕竟有限；这是由于沼气发酵是由各种功能微生物参与的复杂生化代谢过程，不产甲烷菌和产甲烷菌之间互营共生，处于代谢平衡状态，若平衡被打破，则甲烷发酵就会受到影响；因而，需从整体生化代谢途径上来考虑，以加强低温沼气发酵复合菌群的活性为出发点，进而提升低温沼气发酵效果。

1.3.2.2 低温沼气发酵微生物的群落结构与多样性

在云南高原寒区香格里拉的低温户用沼气池中，厚壁菌门和拟杆菌门是优势的细菌类群，优势的产甲烷古菌类群为甲烷八叠球菌属、甲烷螺菌属和甲烷鬃毛菌属[100]。在采用全混合发酵模式的低温沼气工程系统中，有学者发现甲烷粒菌属、甲烷八叠球菌属和甲烷鬃菌属是主要的产甲烷菌[101]。有学者应用低温 EGSB 反应器来处理三氯乙烯废水，结果在系统中检测到了甲烷杆菌目的大量存在[102]；在处理乳制品废水时，则发现甲烷微菌目和甲烷杆菌目是优势的产甲烷菌[103]。

综上，许多学者对农村户用沼气池、CSTR 完全混合发酵罐、EGSB 反应器等低温生境中的微生物群落结构与多样性进行了研究，知晓了不同发酵工艺下各功能微生物类群的组成及丰度，明确了不同反应器中甲烷的生成途径，初步揭示了低温沼气发酵系统的代谢过程；但是在低温沼气发酵系统中，通过批量式发酵的工艺模式来研究低温发酵规律（非生物因子和生物因子）的文献报道尚不多见，并且诸如低温功能微生物随发酵时间的变化及演替规律（时间动态）、生物因子（如细菌、古菌）和非生物因子（如 VFAs、sCOD、NH_3-N）对微生物群落的影响、生物因子之间的相关性、非生物因子之间的相关性、生物因子与非生物因子之间的相关性等生态学基本问题，还不是很清楚，有待进一步研究、阐明。

1.4 低温沼气发酵微生物群落结构多样性分析的意义、内容及实现路径

1.4.1 低温沼气发酵微生物群落结构及多样性分析的研究思路

基于低温沼气发酵在工程应用和基础研究等两个方面尚需深入地探讨，本书作者提出以下研究思路：

本书研究首先根据低温沼气发酵的温度范围（4～20℃），从获得不同质量接种物的角度出发（接种物的质量对沼气发酵的启动和运行产气关系密切），分别在15℃、9℃和4℃低温条件下（以云南为例，年平均气温≤15℃的地区约占全省面积的60%[104]）驯化沼气发酵接种物（以期确定低温沼气发酵微生物的最适生长温度和低温沼气发酵接种物的最适驯化温度）；然后采用批量发酵工艺（一次性投料直至发酵结束，可观测发酵产气从开始到结束的全过程，便于研究微生物群落的时间动态），将驯化得到的15℃低温接种物、9℃低温接种物和4℃低温接种物，分别接种至同一原料进行9℃低温发酵，形成3个低温沼气发酵系统，并应用微生物

分子生态学的方法与技术对供试低温沼气发酵系统中蕴藏的生态学基本问题进行研究，以期为优良低温沼气发酵微生物资源的挖掘和高效低温沼气发酵接种物的获得提供一定帮助。

1.4.2 低温沼气发酵微生物群落结构及多样性分析的研究内容

（1）低温沼气发酵生态系统模型的建立

首先，在不同低温（15℃、9℃、4℃）条件下对沼气发酵接种物进行长期驯化，分别获得15℃低温接种物、9℃低温接种物和4℃低温接种物；然后，将上述3种低温接种物分别接种至同一发酵原料上，在9℃低温条件下进行批量发酵；从而在实验室建立3个低温沼气发酵生态系统模型。

（2）低温沼气发酵系统的时间动态

① 低温沼气发酵系统中微生物群落结构与多样性的时间动态：应用微生物分子生态学的方法与技术，对低温沼气发酵系统中不同发酵时期的微生物群落结构与多样性进行研究，即生物因子的时间动态。

② 低温沼气发酵系统中非生物因子的时间动态：对低温沼气发酵系统不同发酵时期的非生物因子进行详细检测、分析与纪录；非生物因子主要有产气指标（沼气产量、CH_4产量、CO_2产量、产气速率），以及工艺指标（如pH值、TS、VS、sCOD、VFAs、氨氮）。

（3）低温沼气发酵系统中生物因子与非生物因子的相关性分析：对低温沼气发酵系统中生物因子之间、生物因子与非生物因子之间以及非生物因子之间等的相互关系进行相关性分析。

1.4.3 低温沼气发酵微生物群落结构及多样性分析的研究目标

揭示低温沼气发酵系统这一“黑箱”所蕴藏的微生物群落结构与多样性、微生物群落的演替及时间动态变化，及其与环境因子之间的相关性等生态学基本问题，以期为优良低温沼气发酵微生物资源的挖掘和高效低温沼气发酵接种物的获得提供一定帮助。

1.4.4 低温沼气发酵微生物群落结构及多样性分析的实现路径

本书研究内容的实现路径参见图1.2。

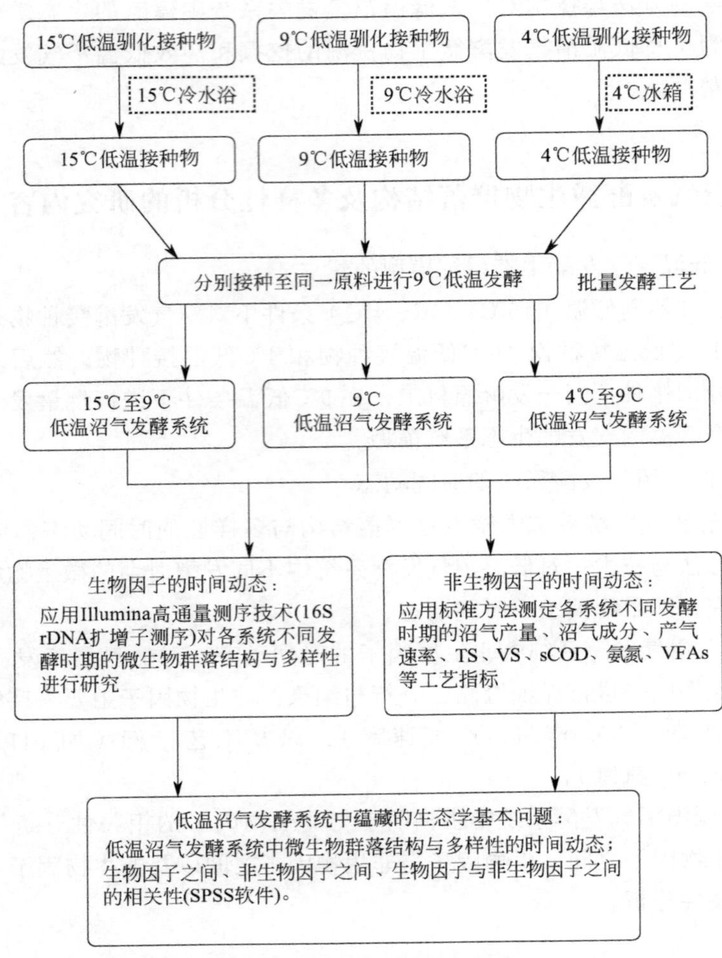

图 1.2　本书研究的实现路径图

第2章
低温沼气发酵微生物研究的材料与方法

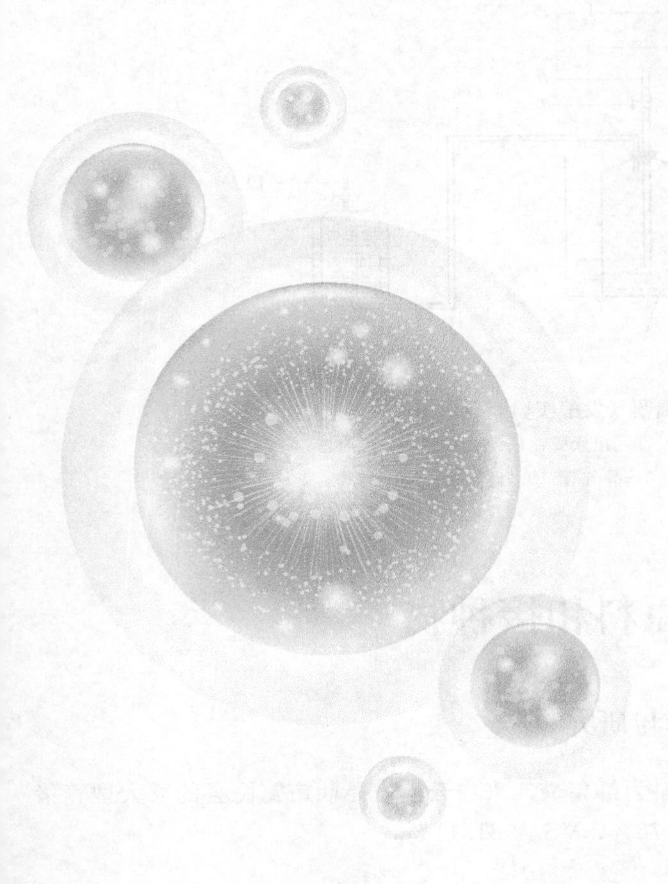

2.1 低温沼气发酵的研究装置

本书研究的实验装置由沼气发酵系统、储气系统和水浴制冷系统等三部分组成。沼气发酵系统的发酵装置为批量发酵反应器，有效容积为10L，材质为玻璃；储气系统的装置为定做的低压湿式储气柜，容积为5L，材质为有机玻璃，该储气柜由水封池和钟罩构成；制冷系统由制冷机（MA-01型，嘉兴新马其诺机械有限公司）和水浴槽构成。如图2.1所示。

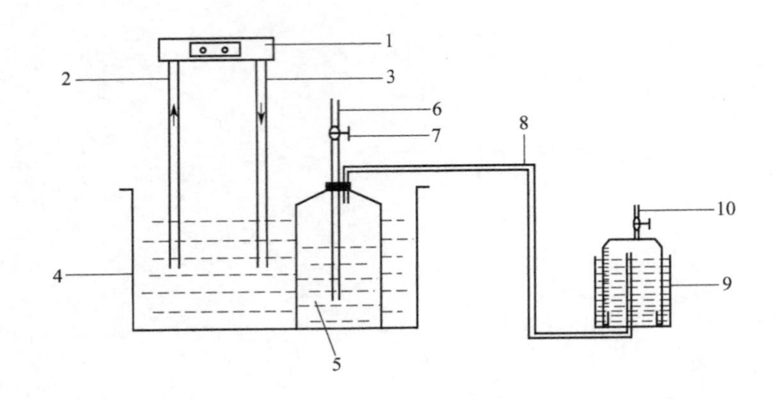

图2.1 低温沼气发酵实验装置示意图

1—制冷机；2—进水管；3—出水管；4—水浴槽；5—反应器；6—取样管；7—阀门；8—导气管；9—储气柜；10—排气管

2.2 低温沼气发酵的原料和接种物

2.2.1 低温沼气发酵的原料选择与研究

本书研究采用的沼气发酵原料为鲜猪粪，来自云南省昆明市富民县的某大型养猪场，经测定，该猪粪的TS为29.76%，VS为81.11%。

2.2.2 低温沼气发酵的接种物选择与研究

本书研究采用的沼气发酵接种物有3种：第1种接种物为经15℃长期驯化的厌氧活性污泥（简称15℃接种物），经测定，其TS为6.56%，VS为53.49%；第2种接种物为经9℃长期驯化的厌氧活性污泥（简称9℃接种物），经测定，其TS为8.46%，VS为63.93%；第3种接种物为经4℃长期驯化的厌氧活性污泥（简称4℃

接种物），经测定，其 TS 为 6.40%，VS 为 65.29%。

2.3 低温沼气发酵的研究方案

2.3.1 低温沼气发酵的研究工艺和温度

本书研究采用的沼气发酵工艺为全混合批量发酵工艺，即一次性投料，发酵原料和接种物完全混合，待原料产气结束后才停止发酵实验；发酵温度为 9℃，利用制冷水浴系统控制。

2.3.2 低温沼气发酵料液的配制方案

本书的研究内容按照发酵原料与微生物之比（F/M）[105]，即猪粪与接种物的挥发性固体之比（VS/VS）为 0.75 进行发酵料液的配制（Lopes 等[106] 研究发现沼气发酵系统的适宜 F/M 应小于等于≤1），表 2.1 为发酵料液配制表。

表 2.1　发酵料液配制表

组别	接种物类别	接种物 VS 用量/g	猪粪 VS 用量/g	发酵料液总体积/L
A	15℃接种物	200	150	补加水至 10
B	9℃接种物	200	150	补加水至 10
C	4℃接种物	200	150	补加水至 10

2.3.3 低温沼气发酵系统中非生物因子及其测定

实验启动后，每天定时记录沼气产量，每 10 天取样测定沼气成分、pH 值、TS、VS、sCOD、氨氮、VFAs（乙酸、丙酸、丁酸、异丁酸、戊酸、异戊酸）。

2.3.3.1 沼气产量及成分测定

以低压湿式储气柜收集沼气，储气柜的钟罩上标有体积计量刻度，每天定时测定沼气产量。

沼气成分的测定采用 GC-6890A 型气相色谱仪（鲁南分析仪器有限公司）和红外沼气分析仪（Gasboard-3200L 型，武汉四方光电科技有限公司），操作规程参照使用说明书。

色谱仪的仪器条件：载气为氩气，载气压力为 0.4～0.5MPa，柱温为 70℃，热导池温度为 100℃，积分方法为面积外标法。

气体标样成分及含量（体积分数）：CH_4（54.704%），CO_2（35.36%），N_2（4.01%），H_2（2.93%），O_2（2.00%），H_2S（0.996%）。

2.3.3.2 pH 值测定

测定 pH 值的仪器为 PHS-25 型实验室 pH 计（上海今迈仪器仪表有限公司），操作方法参照使用说明书。

2.3.3.3 TS 和 VS 测定

测定 TS 和 VS 的仪器为电热恒温鼓风干燥箱（DHG-9070A 型，上海一恒科学仪器有限公司）和箱式电阻炉（SX-5-12 型，天津市泰斯特仪器有限公司），测定方法分别为烘干法和燃烧法[107]。

2.3.3.4 sCOD 测定

测定 sCOD 的仪器为 COD 在线分析仪（CODmax Ⅱ 型，美国哈希公司），测定方法为重铬酸钾法[108]，仪器操作方法参照使用说明书。

2.3.3.5 氨氮测定

测定氨氮的仪器为在线氨氮分析仪（Amtax Compact Ⅱ 型，美国哈希公司），仪器操作方法参照使用说明书。

2.3.3.6 VFAs 测定

VFAs 的测定采用 GC-9790 Ⅱ 型气相色谱仪（浙江福立分析仪器有限公司），操作规程参照使用说明书。

色谱仪的仪器条件：色谱柱为脂肪酸色谱柱（KB-FFAP 型，美国科瑞迈公司），检测器为氢焰离子化检测器（flame ionization detector，FID），载气为氮气，进样口温度为 200℃，柱箱温度为 130℃，FID 温度为 250℃，积分方法为面积外标法。

VFAs 标样成分及含量：乙酸（1000mg/L），丙酸（500mg/L），丁酸（800mg/L），异丁酸（500mg/L），戊酸（500mg/L），异戊酸（500mg/L）。

2.3.4 低温沼气发酵系统中生物因子及其测定

实验启动后，每 10 天取发酵料液样品，进行冷冻储藏，待发酵实验结束后，对不同发酵时期的发酵料液样品进行生物因子的测定。基于因美纳高通量测序平台（Illumina HiSeq），利用双末端测序法，对环境样品微生物进行 16S rDNA 扩增子测序；对测序得到的原始数据进行拼接、过滤，得到有效数据；基于有效数据，进行

OTU 聚类、物种注释、相对丰度及多样性指数等分析。

2.3.4.1 DNA 提取与检测

环境样品 DNA 的提取采用磁珠法 DNA 提取试剂盒（DP328，天根生化科技有限公司），按照试剂盒使用说明书所列步骤进行提取。

利用琼脂糖凝胶电泳检测环境样品总 DNA 的纯度和浓度。电泳条件：凝胶浓度为 1%；电压为 100V；电泳时间为 40min。检测合格后，取适量的 DNA 样品于离心管中，使用无菌水稀释至 1ng/μL。

2.3.4.2 PCR 扩增与产物纯化

（1）模板　稀释后的基因组 DNA。

（2）扩增区域　细菌 16S rDNA 的 V3～V4 可变区和古菌 16S rDNA 的 V4～V5 可变区。

（3）引物

细菌引物：

341F（5′-CCTAYGGGRBGCASCAG-3′）[109]

806R（5′-GGACTACNNGGGTATCTAAT-3′）[109]

古菌引物：

Arch519F（5′-CAGCCGCCGCGGTAA-3′）[110]

Arch915R（5′-GTGCTCCCCCGCCAATTCCT-3′）[110]

（4） PCR 扩增体系

细菌引物：30μL，含 15μL 高保真聚合酶（Phusion Master Mix）(2×)、2μL 341F（10μmol/L）、2μL 806R（10μmol/L）、2μL gDNA（基因组 DNA，1ng/μL）、9μL ddH_2O（双蒸水）。

古菌引物：30μL，含 15μL 高保真聚合酶（2×）、2μL Arch519F（10μmol/L）、2μL Arch915R（10μmol/L）、2μL gDNA（1ng/μL）、9μL ddH_2O。

（5）PCR 扩增程序　98℃预变性 1min；30 个循环包括（98℃，10s；50℃，30s；72℃，30s）；72℃，5min。

（6）PCR 仪　选用梯度 PCR 仪（T100 型，美国伯乐公司）。

（7）利用琼脂糖凝胶电泳检测 PCR 产物。电泳条件：凝胶浓度为 2%；电压为 80V；电泳时间为 40min。

（8）PCR 产物的混样和纯化：根据 PCR 产物浓度进行等量混样并充分混匀，接着使用 1×TAE 电泳缓冲液制作琼脂糖凝胶（胶浓度为 2%）并进行电泳，选择主带大小在 400～450bp（碱基对）之间的序列，割胶回收目标条带，采用凝胶回收试剂盒（Gene JET Gel Extraction Kit，K069 型，美国赛默飞世尔科技公司）回收纯化 PCR 产物。

2.3.4.3 文库构建与上机测序

采用 DNA 建库试剂盒（DNA Library Prep Kit，Ultra™ 型，美国组英伦生物技术公司）进行文库的构建，构建好的文库进行文库质量评估，库检合格后，使用因美纳高通量测序平台（型号：HiSeq2500 PE250）平台进行上机测序。

2.3.4.4 信息分析

（1）测序数据处理

读长（Reads）拼接：对因美纳高通量测序平台得到的下机数据（PE reads），去除 DNA 条形码（Barcode）和引物序列后，使用软件 FLASH❶（Fast Length Adjustment of Short Reads，版本号 1.2.7）对每个样品的读长进行拼接，得到的拼接序列为原始标签数据（raw tags）；

原始标签数据过滤：参照 Qiime❷ 软件（版本号 1.7.0）的原始标签数据质量控制流程，将拼接得到的原始标签数据进行过滤处理，得到高质量的标签数据（clean tags）；

去嵌合体：将高质量标签数据与数据库（Gold database）进行比对、检测嵌合体序列，并通过 UCHIME Algorithm❸ 软件去除嵌合体序列，得到最终的有效数据（effective tags）。

（2） OTU 聚类与物种注释

OTU 聚类：为了研究样品的物种组成多样性，利用 Uparse❹ 软件（版本号 7.0.1001）对所有样品的有效数据进行聚类，以 97%的一致性（identity）将序列聚类成为 OTU。一般来说，在 97%以上的序列一致性下的聚类成为一个 OTU 序列被认为可能是源自同一个种的序列。

物种注释：用 Mothur❺ 软件与注释数据库（SSUrRNA）对 OTU 的代表序列（出现频数最高的序列）进行物种注释分析（设定阈值为 0.8～1），获得分类学信息并分别在各个分类水平（界、门、纲、目、科、属、种）统计各样本的群落组成，以及基于物种的丰度分布情况。

（3）样品复杂度分析

阿尔法（Alpha）多样性用于分析样品内的微生物群落多样性[111]，通过单样本的多样性分析反映样品内微生物群落的丰富度和多样性，使用 Qiime 软件（版本号 1.7.0）计算群落丰度指数 Chao1❻ 和 ACE❼（估计群落中含有的 OTU 数目）、群落多样性香农（Shannon）指数（值越大，说明群落多样性越高）和辛普森（Simpson）（值越大，说明群落多样性越低）、覆盖度指数（goods-coverage，其数值越高，则样本中序列没有被测出的概率越低）等阿尔法多样性指数。使用 R 软件（版

---

❶ 该软件目前无中文名称。

❷❸❹❺❻❼ 目前无中文名称。

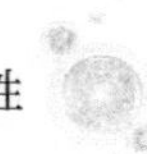

本号 2.15.3）绘制稀释曲线，稀释曲线可直接反映测序数据量的合理性，当曲线趋向平坦时，说明测序数据量渐进合理。

2.3.5 低温沼气发酵系统中环境因子相关性分析方法的选择

本书研究对非生物因子之间、细菌群落与非生物因子之间、古菌群落与非生物因子之间、细菌群落之间、古菌群落之间、细菌群落与古菌群落之间的相关性进行分析。基于双侧 T 检验和皮尔森（Pearson）相关性分析等方法，利用软件“统计产品与服务解决方案（Statistical Product Service Solutions，SPSS,版本号 22.0）”对相关数据进行统计学处理。

第3章 低温沼气发酵系统微生物群落结构多样性研究

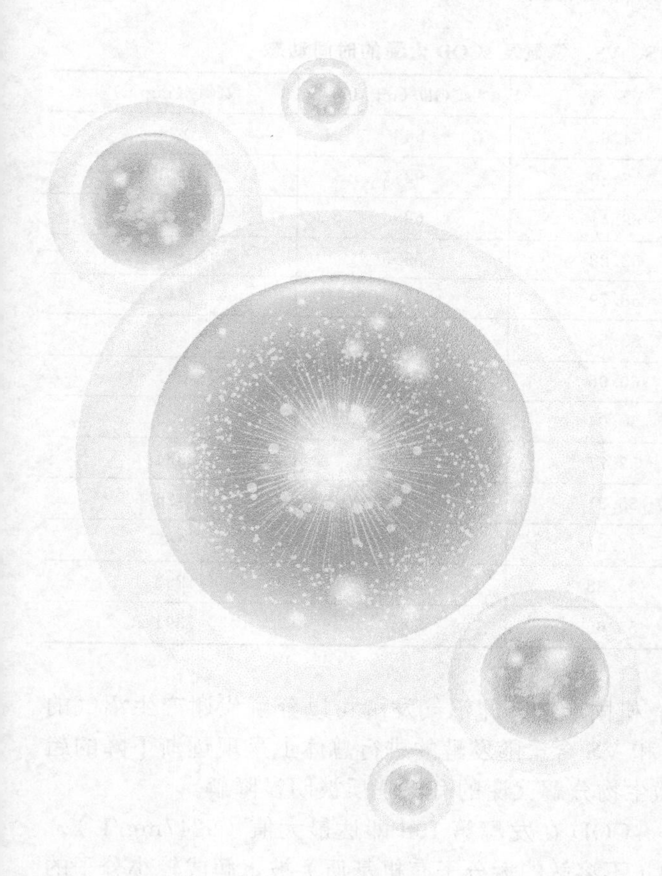

3.1 低温沼气发酵过程中非生物因子的时间动态分析

3.1.1 低温沼气发酵料液理化指标结果分析

3.1.1.1 15℃至9℃低温沼气发酵系统

（1） TS、VS、氨氮及 sCOD 的含量

对 A 系统低温沼气发酵系统（即 15℃至 9℃低温沼气发酵系统）发酵料液中的 TS、 VS、氨氮及 sCOD 的含量等指标进行时间动态分析，结果参见表 3.1。

表 3.1 A 系统发酵料液中 TS、VS、氨氮及 sCOD 含量的时间动态

发酵时间/d	TS/%	VS/%	sCOD/(mg/L)	氨氮/(mg/L)
0	5.53	64.65	5685	228
10	5.75	58.39	9247	430
20	5.42	68.41	6820	332
30	4.82	53.28	5555	382
40	4.91	58.79	6210	343
50	4.99	55.52	6905	236
60	4.74	60.96	6390	351
70	3.92	50.04	4810	309
80	4.46	53.77	5465	334
90	4.50	55.21	4540	426
100	4.29	57.21	3590	365
110	4.34	55.38	3290	293
120	4.19	55.60	2840	391

VS 含量表示生物质原料中的有机固形物，即沼气发酵可以分解代谢产生沼气的这部分物质。由表 3.1 可知， TS 和 VS 含量随发酵的进行总体上呈现逐渐下降的趋势，表明 A 系统中可供沼气发酵微生物分解代谢的有机基质被明显降解。

由表 3.1 可知，实验启动后， sCOD 在发酵第 10d 即达最大值（9247mg/L），这是由于发酵料液中的有机固形物（不溶解的大分子有机基质）被水解成较小分子的水溶性有机化合物，从而导致 sCOD 含量的迅速升高，形成第一个水解高峰。此后，sCOD 呈现波动下降的趋势，在下降过程中先后于发酵第 50d、80d 出现两个小高峰（6905mg/L、5465mg/L），这是由于非水溶性的大分子有机基质形成了第二个及第三个水解高峰；发酵第 80d 后，sCOD 含量呈现逐渐下降趋势，直到发酵结束都没有高峰出现，表明发酵料液中的非水溶性大分子有机物基本不再被水解利用。

由表 3.1 还可知，氨氮含量在整个沼气发酵过程中大都在 350mg/L 上下浮动，

差别不是太大，没有明显的下降趋势，这是由氨氮在沼气发酵系统中难以被去除。值得注意的是，发酵第10d及第90d出现两个明显的高峰（430mg/L、426mg/L），前一高峰出现的主要原因是蛋白质水解发酵产生氨，而后一高峰推测是难降解的含氮有机污染物在厌氧降解时产生氨所导致的。

（2）挥发性脂肪酸及pH值

对A系统中主要挥发性脂肪酸随发酵时间的变化作表，结果参见表3.2。

表3.2 A系统中挥发性脂肪酸的时间动态 单位：mg/L

发酵时间	乙酸	丙酸	正丁酸	异丁酸	正戊酸	异戊酸	合计
0	1431.40	233.31	234.12	71.95	27.73	74.22	2072.73
10	2528.23	278.13	89.00	89.33	36.44	85.78	3106.92
20	1583.90	250.52	28.67	87.04	25.42	91.32	2066.87
30	1676.35	339.65	22.21	77.95	10.94	82.64	2209.74
40	1570.19	412.62	23.01	50.28	19.98	69.54	2145.62
50	1248.39	534.31	17.03	46.53	12.97	72.85	1932.08
60	510.53	424.54	9.81	18.88	12.08	62.48	1038.32
70	313.05	9.70	4.91	1.04	14.67	19.65	363.02
80	343.07	12.00	7.43	0.99	0.94	1.64	366.06
90	336.20	182.88	8.03	17.57	3.40	26.61	574.69
100	275.95	154.62	6.56	13.90	2.69	21.04	474.75
110	253.73	175.90	5.82	12.74	2.47	19.28	469.93
120	270.31	124.40	5.02	14.89	3.13	25.56	443.31
平均值	949.33	240.97	35.51	38.70	13.30	40.20	1328.00

由表3.2可知，乙酸和丙酸的平均浓度合计占总酸的89.63%，表明乙酸和丙酸为沼气发酵第一阶段（水解发酵阶段）发酵产酸过程的主要有机酸产物。发酵启动后，乙酸的浓度在发酵第10d即达到最大值（2528.23mg/L），一方面是由于非水溶性有机基质的水解产物进一步被发酵产生乙酸，另一方面是由于丁酸等有机酸被产氢产乙酸菌分解而产生乙酸；此后，随着乙酸被消耗，其浓度呈现逐渐下降的趋势，只在发酵第30～40d时缓慢回升，随后又逐渐下降直至发酵结束。丙酸的浓度在发酵启动后呈现逐渐上升的趋势，并在发酵第50d时达到最大值（534.31mg/L），随后被大量消耗直至发酵第70～80d，接着在发酵第90d时又出现回升，并持续至发酵结束。丁酸在发酵启动后即被大量利用，一直呈现逐渐下降的趋势，表明丁酸不是发酵产酸的主产物，而是被产氢产乙酸菌利用的底物。虽然异丁酸、戊酸及异戊酸的平均浓度不高，但在发酵启动后基本上都呈逐渐下降的趋势，表明水解发酵阶段的有机酸产物能顺利进入沼气发酵第二阶段（产氢产乙酸阶段）的代谢过程。

图3.1为A系统发酵料液pH值随发酵时间的变化曲线。从图3.1中可以看出，整个沼气发酵过程的料液pH值，基本都符合常规沼气发酵最适宜的pH值范围（6.5～

7.5)。发酵启动后，料液 pH 值呈现逐渐下降的趋势，并在发酵第 40d 时达到最低值（6.83），这是由于水解发酵阶段有机酸的不断产生造成的，随着有机酸逐渐被消耗以及 NH_3 的中和作用，料液 pH 值又呈现逐渐上升的趋势并最终维持在 7 左右。

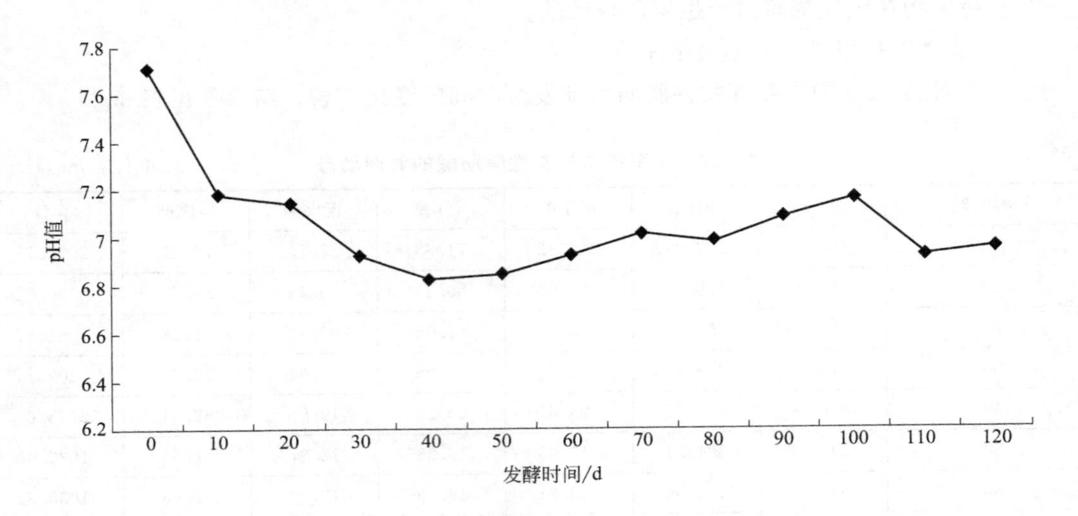

图 3.1 A 系统发酵料液 pH 值的时间动态

3.1.1.2 9℃低温沼气发酵系统

（1） TS、 VS、氨氮及 sCOD 的含量

表 3.3 为 B 系统低温沼气发酵系统（即 9℃低温沼气发酵系统）发酵料液中的 TS、VS、氨氮及 sCOD 的含量等指标的时间动态。

表 3.3 B 系统发酵料液中 TS、VS、氨氮及 sCOD 含量的时间动态

发酵时间/d	TS/%	VS/%	sCOD/(mg/L)	氨氮/(mg/L)
0	4.30	65.92	7415	423
10	5.75	58.39	15163	709
20	5.42	68.41	9260	622
30	4.82	53.28	10030	683
40	4.91	58.79	8605	600
50	4.99	55.52	11155	609
60	4.74	60.96	12325	729
70	3.92	50.04	9280	462
80	4.46	53.77	9660	579
90	4.50	55.21	8385	605
100	4.29	57.21	7570	618
110	4.34	55.38	6480	485

续表

发酵时间/d	TS/%	VS/%	sCOD/(mg/L)	氨氮/(mg/L)
120	4.19	55.60	5405	476
130	3.59	63.04	5400	508
140	3.65	63.14	5120	530
150	3.18	61.97	6480	716
160	3.47	63.89	4650	585

由表 3.3 可知，发酵启动后，TS 和 VS 含量总体上呈逐渐降低的趋势，表明 B 系统发酵料液中的有机基质被沼气发酵微生物明显消耗。发酵启动后第 10d，sCOD 含量就达到最大值（15163mg/L），表明发酵第 10d 左右是非水溶性大分子有机基质的水解高峰；随后 sCOD 含量呈现逐渐下降的趋势，表明水解阶段产生的水溶性小分子有机物被逐渐消耗；在发酵第 60d 出现第二个较大的高峰（12326mg/L），表明非水溶性有机基质在该时期出现第二个水解高峰；此后，随着水溶性的水解产物被进一步消耗，导致 sCOD 含量又呈现不断下降的趋势。发酵料液中的氨氮含量在整个发酵过程中都没有逐渐上升或下降的趋势，基本在 600mg/L 的上下波动，表明沼气发酵对氨氮的去除效率不高；总体而言，发酵启动后的氨氮含量都要比启动时的高，这是由于蛋白质水解产生 NH_3 导致的。

（2）挥发性脂肪酸及 pH 值

表 3.4 为 B 系统中主要挥发性脂肪酸的浓度变化表。

表 3.4 B 系统挥发性脂肪酸的时间动态 单位：mg/L

发酵时间/d	乙酸	丙酸	正丁酸	异丁酸	正戊酸	异戊酸	合计
0	1486.50	243.97	390.3801	48.32	32.30	73.81	2275.27
10	1936.06	278.66	347.4347	50.59	29.03	66.75	2708.54
20	2046.22	304.87	300.4734	89.31	56.38	114.59	2911.84
30	1811.52	321.37	204.0898	97.06	47.18	113.11	2594.34
40	2286.19	407.91	149.9473	94.65	45.12	121.91	3105.72
50	2616.14	494.92	117.7418	91.61	43.78	121.84	3486.03
60	2823.30	696.14	126.1442	116.12	58.42	144.75	3964.88
70	2259.87	815.24	84.31583	124.41	63.36	152.51	3499.70
80	1008.87	856.63	25.39321	124.61	51.09	159.28	2225.88
90	738.25	924.73	19.93962	102.66	20.06	129.41	1935.05
100	670.49	741.45	18.53	50.65	19.78	113.68	1614.58
110	560.94	136.94	16.72	46.45	17.83	45.76	824.64
120	472.88	124.22	13.10	41.84	13.77	40.26	706.07
130	475.56	255.48	13.57	42.90	11.48	38.27	837.26
140	455.90	236.55	11.92	39.77	9.34	35.98	789.46

续表

发酵时间/d	乙酸	丙酸	正丁酸	异丁酸	正戊酸	异戊酸	合计
150	578.99	295.59	13.83	25.89	5.79	40.56	960.65
160	448.58	210.68	9.21	28.38	6.22	50.75	753.82
平均值	1333.90	432.08	109.57	71.48	31.23	91.95	2070.22

由表 3.4 可知，发酵料液中乙酸和丙酸的平均浓度之和占总酸浓度的 85.30%，表明乙酸和丙酸为 B 系统水解发酵阶段的主要有机酸产物。发酵启动时，各主要挥发性脂肪酸的浓度合计 2275.27mg/L，表明发酵原料中已蕴藏丰富的有机酸，原因是动物肠道处于厌氧环境，肠道微生物对大分子有机化合物进行了水解以及发酵产酸作用。乙酸浓度在发酵启动后呈现逐渐上升的趋势，并在发酵第 60d 时达到最大值 2823.30mg/L；此后，随着乙酸逐渐被利用，使得乙酸浓度呈现逐渐下降的趋势。丙酸浓度的变化趋势与乙酸的大体一致，随着发酵的进行先是呈现逐渐上升的趋势，在发酵第 90d 达到顶峰后转而呈现逐渐下降的趋势。丁酸浓度的变化趋势与乙酸、丙酸的刚好相反，发酵启动后一直呈现逐渐下降的趋势，结合后续细菌测序的结果，发现 B 系统中存在能将丁酸代谢为乙酸的产氢产乙酸菌互养单胞菌属，表明丁酸通过互养单胞菌属的产氢产乙酸作用被进一步降解，导致其浓度逐渐降低。异丁酸、戊酸及异戊酸的浓度变化基本上都是随发酵的进行先升高后降低，

图 3.2 为 B 系统发酵料液 pH 值的时间动态曲线。从图中可以看出，发酵料液的 pH 值在 6.53～7.42 之间变动，均处于沼气发酵最适宜的 pH 值范围。pH 值随发酵的进行不断降低直在发酵第 60d，而由表 3.4 可知，发酵料液中的挥发性脂肪酸总浓度也是在发酵第 60d 时处于峰值；此后，随着发酵产酸过程的有机酸产物被不断消耗以及 NH_3 的中和作用，导致 pH 值呈现上升的趋势，并在发酵第 90d 后基本维持在 7 左右。

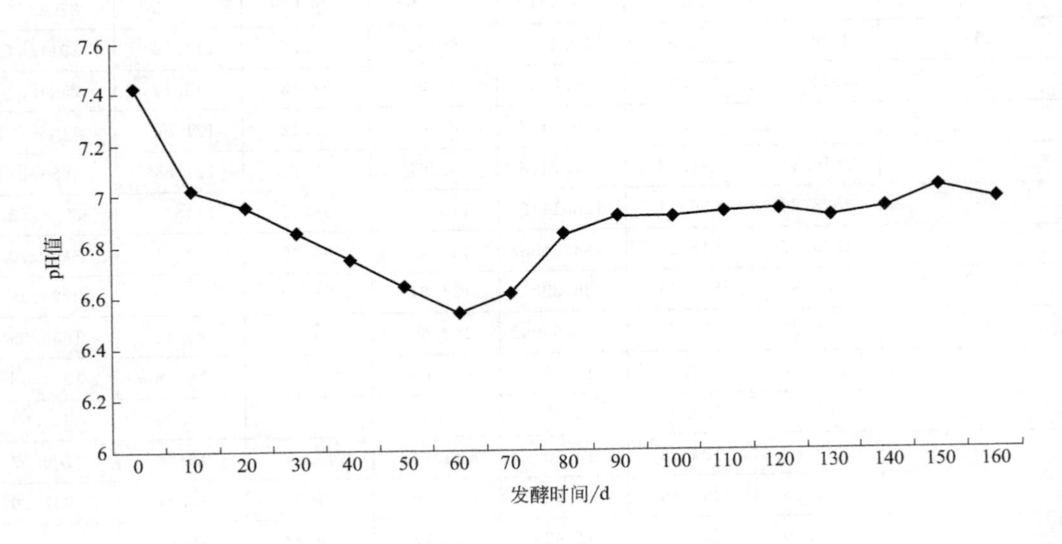

图 3.2　B 系统发酵料液 pH 值的时间动态

3.1.1.3 4℃至9℃低温沼气发酵系统

（1） TS、VS、氨氮及 sCOD 的含量

表 3.5 为 C 系统低温沼气发酵系统（即 4℃至 9℃低温沼气发酵系统）发酵料液中的 TS、VS、氨氮及 sCOD 的含量等指标的时间动态。

表 3.5 C 系统发酵料液中 TS、VS、氨氮及 sCOD 的时间动态

发酵时间	TS/%	VS/%	sCOD/(mg/L)	氨氮/(mg/L)
0	4.73	67.38	10850	581
10	4.94	56.19	18070	870
20	4.58	71.74	18685	1338
30	4.58	70.66	21370	1319
40	4.24	72.26	19810	1072
50	4.56	65.61	21735	903
60	4.51	71.69	23325	1415
70	3.79	62.12	25310	1284
80	4.36	69.22	25335	1280
90	4.44	66.32	25270	1252
100	3.84	72.64	26220	1205
110	4.12	66.60	21930	1098
120	4.09	66.59	21010	927
130	4.11	65.66	21820	944
140	4.14	65.29	18600	736
150	4.07	66.37	23760	963
160	3.86	64.43	22460	999

由表 3.5 可知，发酵料液的 TS 在发酵启动后总体上呈现逐渐下降的趋势，发酵前后 TS 降低了约 1%，而发酵料液的 VS 基本上没有明显下降的趋势，表明 C 系统中的非水溶性大分子有机化合物能被沼气发酵微生物降解，但利用程度较低。发酵启动后，sCOD 含量呈现逐渐上升的趋势，并在发酵第 30d 达到第一个高峰，这是由于发酵料液中的非水溶性大分子有机化合物被水解发酵细菌分解成可溶性的有机化合物； sCOD 含量在发酵第 40d 时出现一定程度的降低，随后又开始呈现逐渐上升的趋势，并在发酵第 100d 时达到最高峰，此后虽出现降低的趋势，但 sCOD 含量基本都维持在 20000mg/L 左右；sCOD 含量的时间动态显示，发酵料液中的 sCOD 含量从发酵启动时的 10850mg/L，经过水解发酵阶段后升至 20000mg/L 以上，表明发酵料液中的水解发酵产物没有被进一步有效利用，从而导致 sCOD 累积。发酵料液中的氨氮含量在发酵启动后呈现逐渐上升的趋势，在沼气发酵运行过程中的平均含量达到了 1100mg/L，是启动时的两倍，最高含量超过了 1400mg/L。

（2）挥发性脂肪酸及 pH 值

表 3.6 为 C 系统中主要挥发性脂肪酸的时间动态。

表 3.6　C 系统挥发性脂肪酸的时间动态　　单位：mg/L

发酵时间/d	乙酸	丙酸	正丁酸	异丁酸	正戊酸	异戊酸	合计
0	2327.37	521.44	436.19	109.61	45.84	193.94	3634.38
10	3653.01	499.83	218.45	107.13	29.28	152.72	4660.42
20	5218.92	1122.93	302.59	185.84	53.25	270.51	7154.04
30	4553.08	1153.20	233.45	182.91	61.06	260.32	6444.02
40	4920.26	1161.18	172.97	164.89	52.59	225.41	6697.30
50	5533.78	1324.14	156.56	167.59	60.54	243.68	7486.28
60	6308.13	1477.66	142.12	184.19	65.82	254.64	8432.57
70	6189.40	1501.49	122.35	193.50	66.97	265.17	8338.88
80	5081.94	1342.01	106.12	193.33	65.66	269.23	7058.28
90	5526.56	1475.00	101.92	183.01	61.67	261.44	7609.60
100	5920.94	1510.35	120.71	185.09	70.51	262.77	8070.37
110	4898.18	1205.83	105.64	145.81	56.90	195.65	6608.01
120	4840.27	1120.36	90.32	158.26	68.72	203.78	6481.71
130	4780.58	1208.65	95.16	170.92	60.39	248.70	6564.40
140	4560.7	1032.69	108.53	168.88	62.78	245.41	6178.99
150	5313.56	1350.91	112.49	207.12	65.12	189.08	7238.28
160	4937.76	1180.30	89.48	212.45	63.60	211.50	6695.09
平均值	4974.38	1187.53	159.71	171.80	59.45	232.59	6785.45

由表 3.6 可知，乙酸和丙酸的平均浓度合计占总酸平均浓度的 90.81%，表明乙酸和丙酸为 C 系统的主要挥发性脂肪酸。乙酸浓度在发酵启动后呈现迅速上升的趋势，并在发酵第 60d 时达最大值（6308.13mg/L），是启动时的 2.7 倍，表明 C 系统中水解发酵性细菌大量活动，对发酵料液中的有机基质进行水解及发酵产酸作用；此后，乙酸浓度基本都在 5000mg/L 上下，没有被明显利用的趋势，表明 C 系统中的沼气发酵微生物没有对乙酸进行后续的有效利用。丙酸浓度在发酵启动后呈迅速上升的趋势，并在发酵第 70d 时达到最大值（1501.49mg/L），是启动时的 2.9 倍，这是由于水解发酵性细菌代谢旺盛所导致的结果；随后，丙酸浓度在 1200mg/L 的上下波动，没有出现明显下降的趋势，表明丙酸在 C 系统中没有被有效利用。丁酸浓度的时间动态则呈现与乙酸和丙酸相反的趋势，发酵启动后丁酸即被迅速利用，这是由于丁酸进入了产氢产乙酸的代谢途径。异丁酸、戊酸和异戊酸的浓度变化趋势基本上都是先增加，随后保持在一定浓度水平，均没有被大量利用的趋势。以上主要挥发性脂肪酸浓度的时间动态表明，C 系统中除丁酸能被有效利用外，其余挥发性脂肪酸均没有被大量利用，出现了明显的酸累积现象。

图 3.3 为 C 系统发酵料液 pH 值的时间动态曲线。从图可知，发酵启动后，发酵料液的 pH 值即呈现迅速下降的趋势，并在发酵第 30d 时已降至 6.58 以下，此后基本都在 6.4～6.6 之间，并没有出现明显的上升趋势，表明此时发酵料液已处于弱酸性环境，已不符合正常沼气发酵适宜的中性 pH 值（6.5～7.5 之间）。

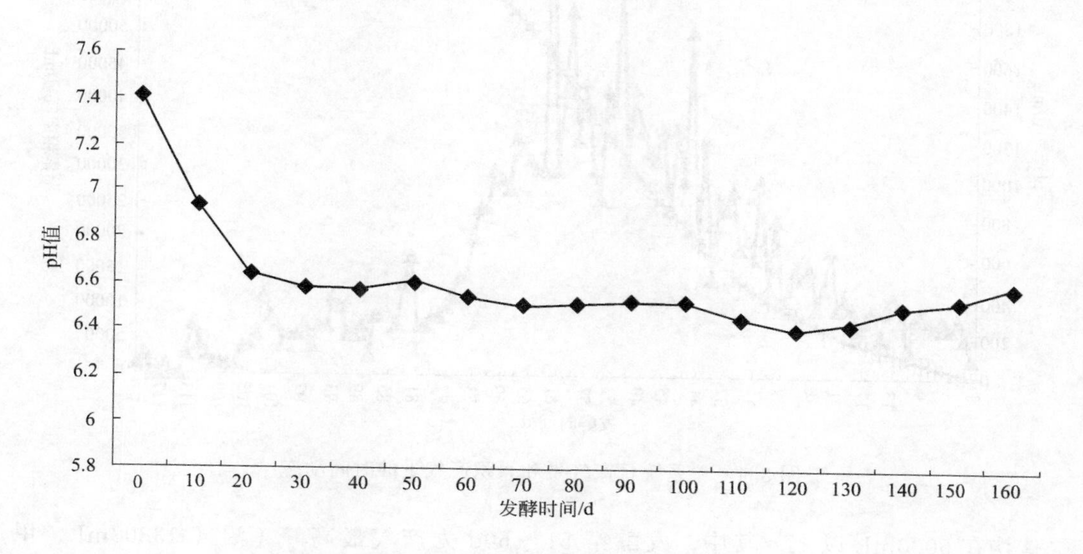

图 3.3　C 系统发酵料液 pH 值的时间动态

3.1.2　低温沼气发酵产气情况及结果分析

3.1.2.1　15℃至 9℃低温沼气发酵系统

图 3.4 为 A 系统（即 15℃至 9℃低温沼气发酵系统）的沼气日产量和累积产气量随发酵时间的变化曲线。

从图 3.4 可看出，A 系统的沼气发酵历时 120d；其日产气曲线符合一般批量式沼气发酵的产气规律，即发酵启动阶段产气较少，随着发酵的进行，产气量逐渐增多，在达到产气高峰后又逐渐降低。发酵启动后，日产气量呈现波动上升的趋势，并多次出现产气高峰，尤以发酵第 41d、51d、58d、61d 明显（产气量分别为 1750mL、2000mL、1850mL、2400mL），其中，发酵第 61d 是产气最高峰；产气高峰过后，日产气量呈现逐渐波动下降的趋势，在下降过程中也多次出现产气高峰，最终在发酵第 120d 时产气基本结束。根据累积产气曲线，整个沼气发酵过程总产气量达 68650mL；发酵第 70d 以后，累积产气曲线逐渐趋于平稳，表明该系统的产气主要集中在前 70d 内。

为便于后续分析，将 120d 的产气过程，按每 10d 的沼气产量、CH_4 产量及 CO_2 产量来作图，参见图 3.5。从图 3.5 可知，在产气集中的前 70d 内，发酵第 41～50d、51～60d 以及 61～70d 等三个阶段的沼气产量均在 10000mL 以上、CH_4 产量

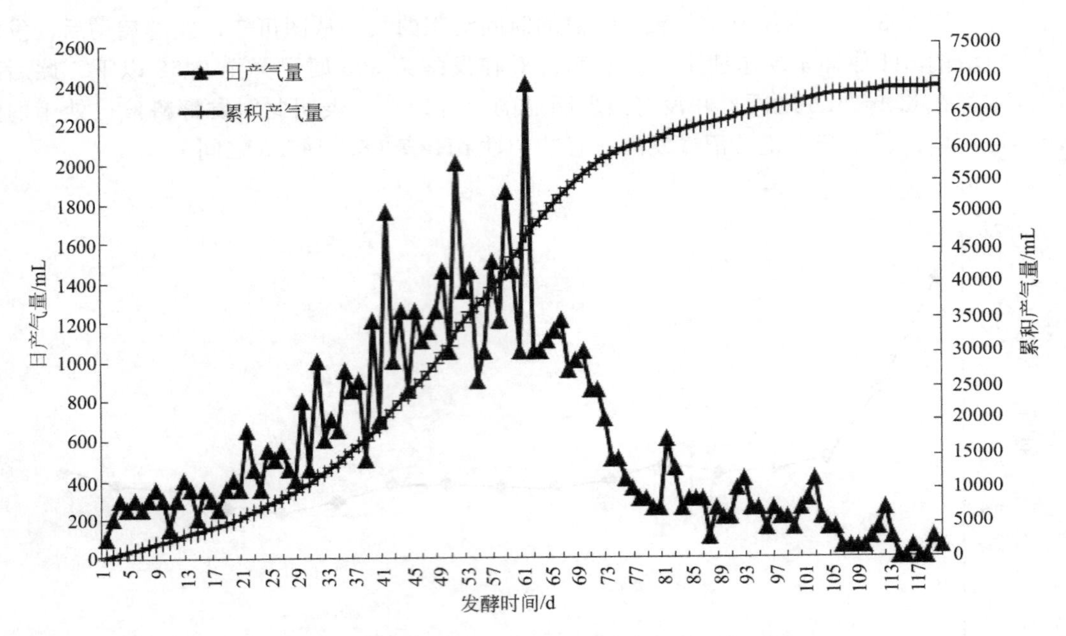

图 3.4 A 系统日产气量和累积产气量的时间动态

均在 5000mL 以上，其中，发酵第 51～60d 为产气最高峰（沼气 13800mL、甲烷 6478mL、CO_2 4246mL）；表明发酵第 41～70d 是产气高峰期。

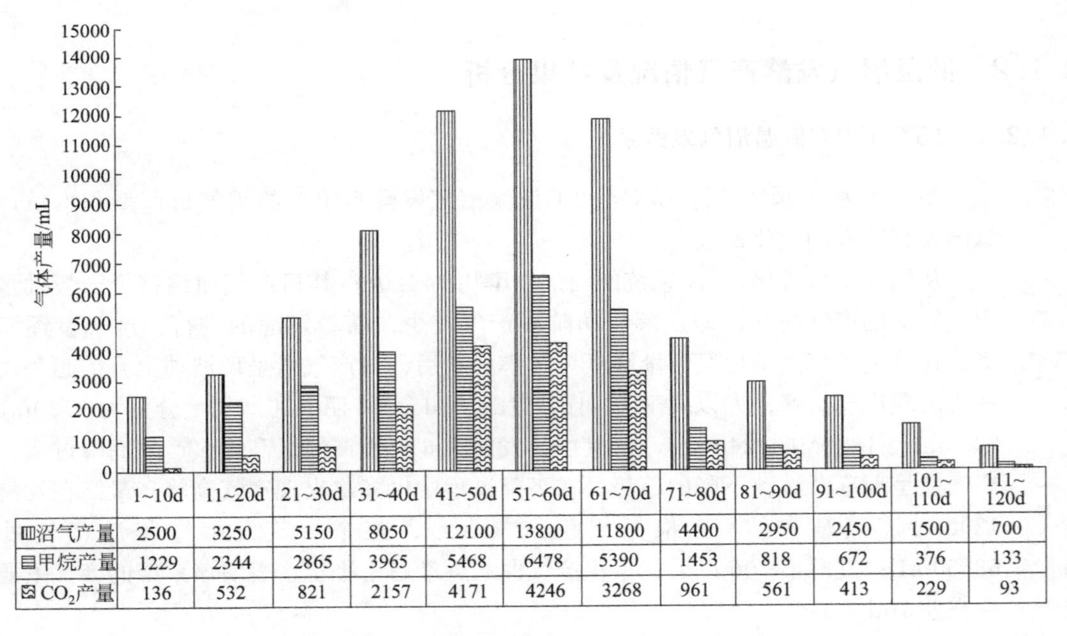

	1~10d	11~20d	21~30d	31~40d	41~50d	51~60d	61~70d	71~80d	81~90d	91~100d	101~110d	111~120d
沼气产量	2500	3250	5150	8050	12100	13800	11800	4400	2950	2450	1500	700
甲烷产量	1229	2344	2865	3965	5468	6478	5390	1453	818	672	376	133
CO_2产量	136	532	821	2157	4171	4246	3268	961	561	413	229	93

图 3.5 A 系统每 10d 的沼气产量、CH_4 产量及 CO_2 产量

3.1.2.2　9℃低温沼气发酵系统

图 3.6 为 B 系统（即 9℃低温沼气发酵系统）的沼气日产量和累积产量随发酵时间的变化曲线。

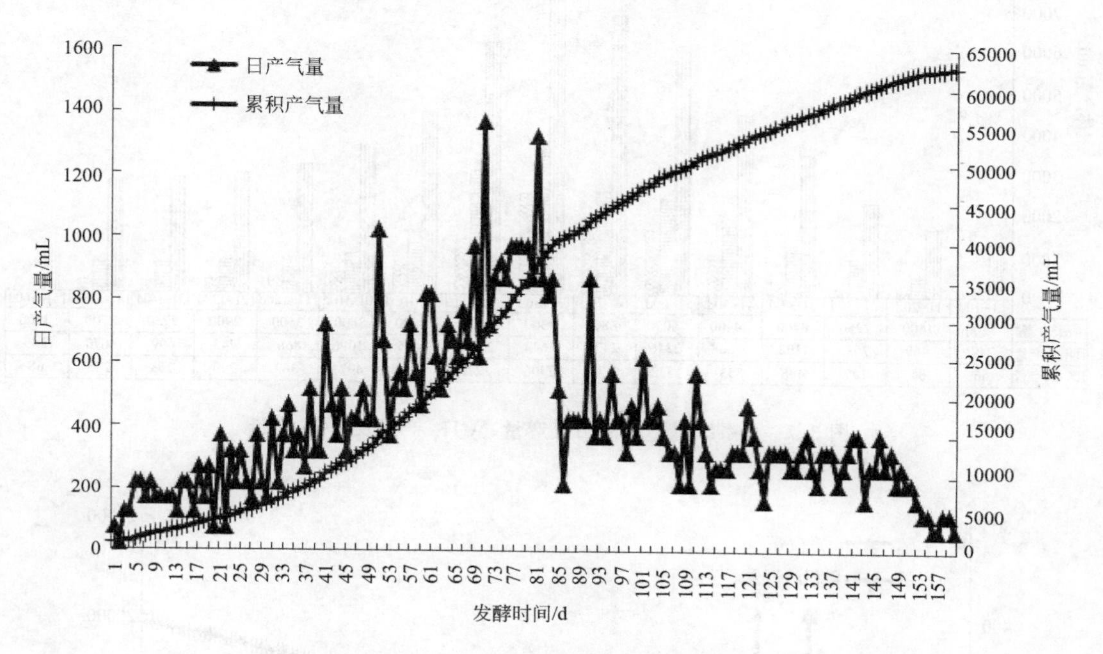

图 3.6　B 系统日产气量和累积产气量的时间动态

从图 3.6 可看出， B 系统的沼气发酵历时约 160d，产气曲线符合常规批量式沼气发酵的产气规律。发酵启动后，日产气量呈现逐渐波动上升的趋势，发酵第 51d、71d 及 81d 的单日产气量都在 1000mL 以上，其中在发酵第 71d 时为产气最高峰（1350mL）；随后，日产气量呈现波动下降的趋势直至发酵结束。从累积产气曲线可知， B 系统的沼气总产量达到了 61750mL，其中，发酵第 1～110d 的沼气产量合计占总产气量的 80%左右，表明该系统主要在前 110d 内进行发酵产气。

将 B 系统 160d 的产气过程，按每 10d 的沼气产量、CH_4 产量及 CO_2 产量来作图，参见图 3.7。从图 3.7 可知，每 10d 的气体产量先是逐渐增长达到高峰期（发酵第 71～80d），高峰过后开始逐渐下降；发酵第 51～90d 之间是沼气盛产期。

3.1.2.3　4℃至 9℃低温沼气发酵系统

图 3.8 为 C 系统（即 4℃至 9℃低温沼气发酵系统）的沼气日产量和累积产量随发酵时间的变化曲线。

从图 3.8 可看出，发酵启动后，C 系统的日产气量即呈现迅速升高的趋势，并在发酵第 31d 时和 41d 达到最高峰（400mL）；随后日产气量呈现逐渐下降的趋势，在发酵第 60～80d 之间基本在 100mL 左右，在发酵第 81～140d 之间基本在 100mL 以下，而发

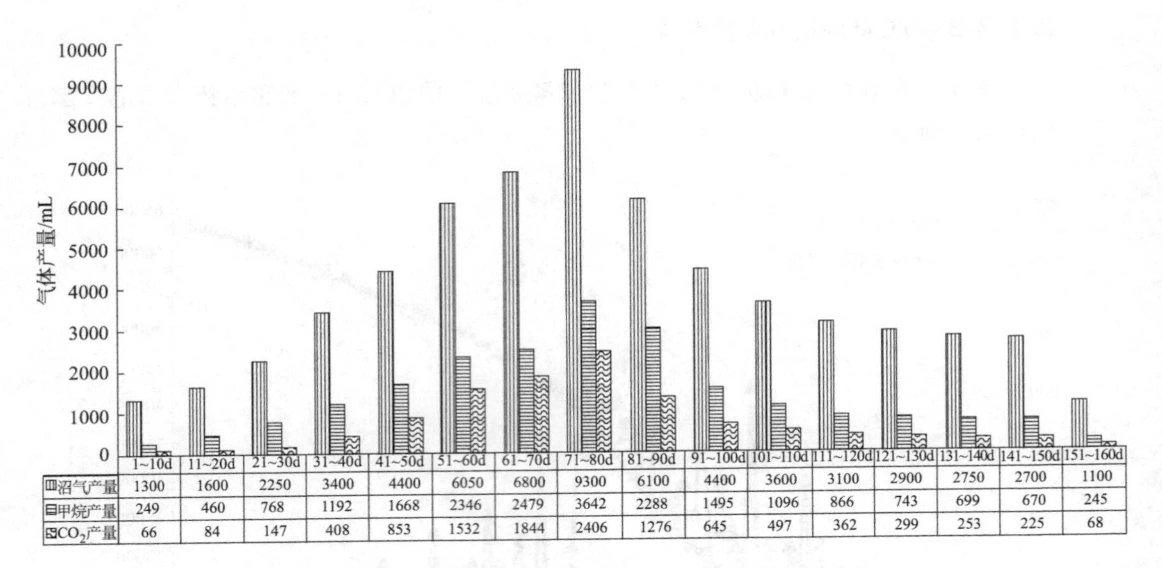

	1~10d	11~20d	21~30d	31~40d	41~50d	51~60d	61~70d	71~80d	81~90d	91~100d	101~110d	111~120d	121~130d	131~140d	141~150d	151~160d
沼气产量	1300	1600	2250	3400	4400	6050	6800	9300	6100	4400	3600	3100	2900	2750	2700	1100
甲烷产量	249	460	768	1192	1668	2346	2479	3642	2288	1495	1096	866	743	699	670	245
CO_2产量	66	84	147	408	853	1532	1844	2406	1276	645	497	362	299	253	225	68

图 3.7　B 系统每 10d 的沼气产量、CH_4 产量及 CO_2 产量

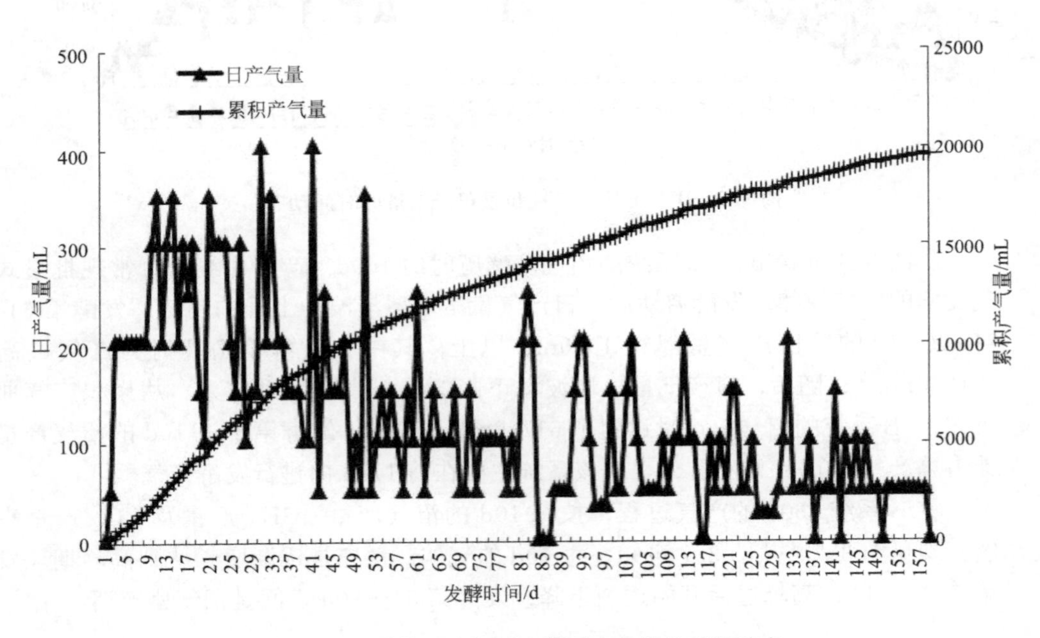

图 3.8　C 系统日产气量和累积产气量的时间动态

酵第 141～160d 之间则在 50mL 左右。由累积产气曲线可知，C 系统在 160d 的沼气发酵过程中总产气体 19150mL；发酵第 1～100d 的累积产气量占总产量的 80%左右，表明 C 系统主要在该时期内产气，而发酵第 100d 时料液的 sCOD 含量却高达 26220mg/L，表明发酵料液中还有大量的水解发酵产物没有被利用，结合前述非生物因子的分析，我们可知 C 系统的沼气发酵过程受到严重抑制，从而导致产气不正常。

将C系统160d的产气过程，按每10d的总产气量、CH_4产量、CO_2产量及N_2产量来统计，参见表3.7。从该表可知，各种气体在发酵第11～20d之间的累积产量基本都处于最高峰，随后呈现逐渐下降的趋势；在所产气体中，N_2占比高达59.37%，是主要的气体成分；而CH_4占比仅15.83%，表明C系统中甲烷发酵是被严重抑制的。

表3.7 C系统每10d的气体产量统计

单位：mL

发酵时期/d	总气体	CH_4	CO_2	N_2
1～10	1750	497	149	882
11～20	2500	824	526	1088
21～30	2300	537	534	1065
31～40	2000	321	530	1020
41～50	1550	194	413	885
51～60	1300	123	315	804
61～70	1100	91	164	749
71～80	900	62	120	664
81～90	650	39	85	482
91～100	1000	64	134	725
101～110	900	67	130	653
111～120	800	56	116	570
121～130	650	45	95	476
131～140	700	46	94	517
141～150	650	40	86	488
151～160	400	25	53	302

3.2 低温沼气发酵过程中生物因子的时间动态分析

3.2.1 细菌群落结构与多样性的研究

3.2.1.1 15℃至9℃低温沼气发酵系统

（1）测序数据及Alpha多样性

采用因美纳高通量测序平台得到的测序数据，经过拼接、过滤和去嵌合体，得到可用于后续分析的有效数据，分析结果参见表3.8。

表3.8 A系统的细菌测序数据统计

样品名称	有效数据/条	平均长度/bp	GC/%
A0①	39714	414	52.36
A10	40801	419	53.07
A20	40163	414	52.38

续表

样品名称	有效数据/条	平均长度/bp	GC/%
A30	47164	413	52.73
A40	52387	412	52.39
A50	52037	411	52.44
A60	50029	412	52.36
A70	44711	411	52.62
A80	48849	411	52.40
A90	42458	411	52.55
A100	41326	412	52.31
A110	49592	414	51.87
A120	50775	415	51.80

① 表示A系统发酵0天，下同。

由表3.8可知，A系统不同发酵时期的细菌测序所获得的有效数据数目在39714条至52387条之间，平均获得46154条，结合稀释曲线（参见图3.9），当测序数据量达到37264条时，曲线趋向平坦，表明测序数据量合理，测序深度充分，可以反映系统中绝大多数的细菌信息；有效数据的平均长度在411bp～419bp之间，GC碱基的含量在51.80%～53.07%之间，不同发酵时期有效数据显示的平均长度和GC含量差异不大。

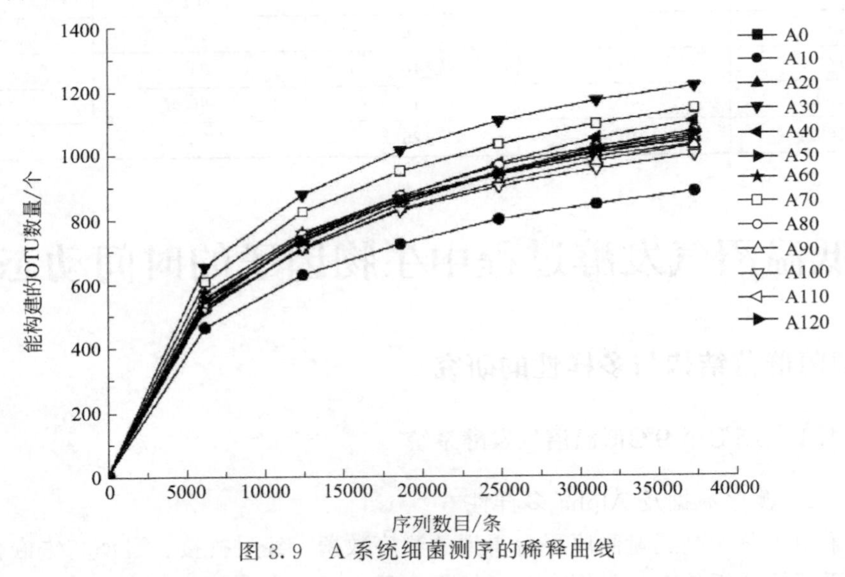

图3.9 A系统细菌测序的稀释曲线

对不同样品在97%一致性阈值下的阿尔法多样性指数进行统计，结果参见表3.9。

由表3.9可知， A系统不同发酵时期细菌群落的香农指数在5.32～6.51之间，平均为5.94，辛普森指数在0.90～0.96之间，均小于1，表明该系统的细菌群落多样性较高； Chao1指数在990.48～1318.10之间， ACE指数在1021.15～1337.49之间，表明该系统的细菌群落丰度较高；覆盖度在99.30%～99.60%之间，均大于99%，表明本次测序结果能准确地代表各样本的真实情况。

表 3.9 A 系统细菌测序的阿尔法（Alpha）多样性指数

样品名称	香农指数	辛普森指数	Chao1 指数	ACE 指数	覆盖度/%
A0	5.52	0.91	1061.26	1105.16	99.60
A10	5.32	0.90	990.48	1021.15	99.50
A20	5.56	0.92	1183.46	1199.98	99.40
A30	6.36	0.94	1318.10	1337.49	99.40
A40	5.74	0.93	1249.59	1324.78	99.30
A50	5.84	0.94	1227.80	1293.27	99.30
A60	5.96	0.92	1157.03	1173.97	99.50
A70	6.51	0.95	1257.92	1294.50	99.40
A80	6.18	0.95	1210.17	1245.92	99.40
A90	5.71	0.92	1196.77	1224.55	99.30
A100	5.87	0.94	1109.88	1138.51	99.40
A110	6.26	0.96	1234.42	1274.04	99.30
A120	6.45	0.96	1263.65	1295.34	99.30

（2） OTU 聚类

图 3.10 为 A 系统不同发酵时期细菌测序的 OTU 聚类结果。由图 3.10 可知，该系统不同发酵时期细菌测序获得的 OTU 数目在 1018～1383 个之间，平均为 1215 个，即平均至少有 1215 种细菌。

从图 3.10 可看出，发酵第 10d 的细菌 OTU 数目为 1018 个，相比发酵启动时减少了 156 个，下降趋势明显；这是因为发酵原料携带了好氧细菌，而发酵罐装料时，会带进空气，此时好氧细菌活动，消耗进入发酵罐中的氧，从而使发酵液的氧化还原电位降低，进而达到厌氧环境，沼气发酵得以正常进行，随着厌氧环境的形成，导致好氧细菌逐渐消亡。此后，细菌 OTU 数目不断上升，并在发酵第 30d 达到最高峰（1383 个），随后 OTU 数目一直下降至发酵第 60d，接着在发酵第 70d 时达到第二个高峰（1286 个），表明该系统中的细菌分别在发酵第 30d 左右和发酵第 70d 左右出现代谢高峰。细菌 OTU 数目的时间动态与产气规律大体一致，即启动阶段时物种数较少，随着发酵的进行，细菌种数逐渐增多，当达到高峰值后又逐渐降低，直至发酵结束；这是由于实验启动后，接种物接触到含有各种有机基质的发酵原料，导致依赖于这些基质生长的细菌大量活动，开始旺盛繁殖，而随着发酵时间的推移，这些基质逐渐被相应功能菌群耗竭，导致这类细菌类群在达到高峰后逐渐衰落。

（3）物种注释

① 门分类水平

根据物种注释结果，选取不同发酵时期在门分类中平均丰度排名前 15 的物种，生成物种相对丰度表，参见表 3.10。由表 3.10 可知，平均相对丰度大于 1%的细菌门类有厚壁菌门、拟杆菌门、变形菌门、互养菌门（Synergistetes）和放线菌门，这 5 门细菌的平均相对丰度之和达到 97.04%，是 A 系统主要的细菌门类。

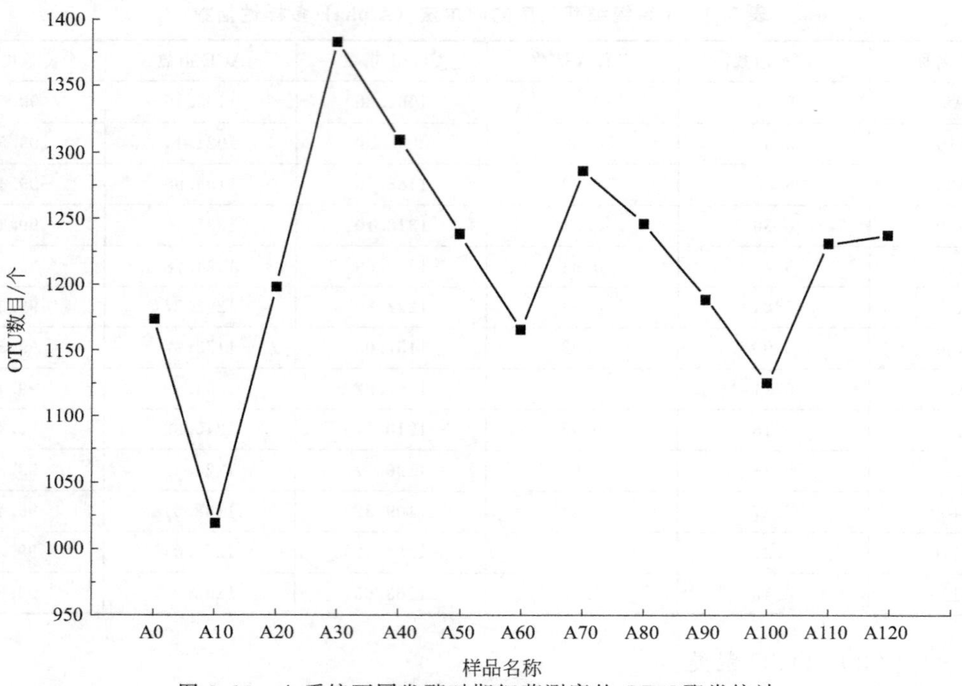

图 3.10　A 系统不同发酵时期细菌测序的 OTU 聚类统计

a. 厚壁菌门大量存在于沼气发酵活性污泥、废水沼气发酵系统、秸秆沼气发酵系统、餐厨垃圾沼气发酵系统以及粪便等生态环境中[112−114]，该门细菌的主要功能是降解纤维素、水解有机物、降解长链脂肪酸[115]。由表 3.10 可知，厚壁菌门在整个发酵过程中都是最优势的细菌门（平均相对丰度达 66.83%），这是由于该门细菌主要具有水解有机物的功能，处于沼气发酵第一阶段（水解发酵阶段）的生态位上，沼气发酵启动后，该门细菌即接触到发酵原料中的丰富有机物，因而开始大规模的代谢活动，导致该门细菌繁殖旺盛。但随着发酵的进行，厚壁菌门的相对丰度呈现逐渐下降的趋势，由发酵启动时（0d）的 82.73% 降低至发酵结束时的 47.50%（120d），这是因为在批量式沼气发酵系统中，由于是一次性投料，随着发酵的进行，原料中可供厚壁菌门代谢的各类有机基质不断被消耗，导致该门细菌的代谢活动逐渐减弱，其相对丰度也相应减少。厚壁菌门在发酵第 10d 的相对丰度比发酵启动时减少了 46.98%，这是因为厚壁菌门中含有专性好氧或微需氧的细菌类群，随着沼气发酵过程中厌氧环境的形成，好氧细菌也相应消亡。在发酵第 20～60d，形成第一个代谢旺盛期，厚壁菌门的相对丰度维持在 79.42%～75.74%的高丰度水平下，在发酵第 80～100d，形成第二个代谢旺盛期，相对丰度维持在 62.22%～71.53%的较高丰度水平下。

b. 拟杆菌门大量存在于沼气发酵系统、海底及动物肠道等厌氧生态环境中，主要进行大分子碳水化合物降解产酸的作用[115]。由表 3.10 可知，拟杆菌门是第二优势细菌门（平均相对丰度达 17.43%）。发酵第 10d，由于厌氧环境的逐渐形成，导致该门细菌中的好氧细菌消亡，进而表现为相对丰度的明显降低。此后，拟杆菌门的

表 3.10 A 系统细菌门分类中的物种相对丰度

单位:%

门名	A0	A10	A20	A30	A40	A50	A60	A70	A80	A90	A100	A110	A120	平均值
厚壁菌门	82.73	35.75	79.42	73.16	77.26	75.82	75.54	66.96	62.22	71.53	69.19	51.75	47.50	66.83
拟杆菌门	9.46	4.27	12.26	13.49	13.66	14.11	15.12	18.57	20.05	16.27	20.33	33.09	36.51	17.43
变形菌门	3.77	52.83	3.57	5.40	2.65	2.55	3.62	4.74	3.09	3.21	4.45	6.89	6.53	8.02
互养菌门	0.42	0.98	1.72	1.77	3.27	3.80	1.36	3.57	9.07	5.69	2.87	5.05	4.89	3.40
放线菌门	1.82	1.63	1.33	2.43	1.06	1.23	1.63	1.78	1.22	1.09	1.08	0.71	0.66	1.36
绿弯菌门(Chloroflexi)	0.77	0.41	0.61	1.54	0.57	0.71	0.98	1.31	0.97	0.79	0.54	0.46	0.92	0.81
螺旋体门(Spirochaetes)	0.25	0.19	0.33	0.64	0.40	0.58	0.54	1.13	1.63	0.48	0.49	0.80	1.06	0.65
蓝菌门(Cyanobacteria)	0.06	1.85	0.14	0.12	0.20	0.20	0.09	0.13	0.39	0.10	0.09	0.11	0.10	0.28
软壁菌门(Tenericutes)	0.03	1.11	0.06	0.07	0.07	0.06	0.11	0.09	0.08	0.05	0.04	0.14	0.11	0.16
纤维杆菌门(Fibrobacteres)	0.03	0.05	0.02	0.09	0.19	0.30	0.26	0.61	0.19	0.05	0.05	0.05	0.04	0.15
阴沟单胞菌门(Cloacimonetes)	0.07	0.01	0.04	0.08	0.06	0.06	0.07	0.11	0.12	0.11	0.15	0.45	0.48	0.14
疣微菌门(Verrucomicrobia)	0.01	0.04	0.01	0.05	0.01	0.08	0.05	0.09	0.08	0.10	0.24	0.10	0.62	0.11
酸杆菌门(Acidobacteria)	0.07	0.10	0.06	0.14	0.05	0.03	0.05	0.11	0.07	0.08	0.03	0.02	0.04	0.07
暗黑菌门(Atribacteria)	0.06	0.04	0.06	0.10	0.03	0.04	0.02	0.11	0.10	0.05	0.03	0.03	0.07	0.06
热微菌门(Thermomicrobia)	0.08	0.01	0.02	0.13	0.02	0.02	0.05	0.08	0.09	0.06	0.01	0.01	0.01	0.05
其他细菌门	0.38	0.73	0.36	0.80	0.50	0.42	0.51	0.60	0.64	0.34	0.41	0.34	0.45	0.50

相对丰度呈现逐渐上升的趋势直至发酵第80d，到发酵第90d出现一定程度的下降，随后又呈不断上升的趋势，直至发酵第120d时达到最高峰（36.51%）。拟杆菌门相对丰度的时间动态表明，该门细菌对沼气发酵系统中有机物的代谢出现两个旺盛期，发酵第10～80d为第一个旺盛期，发酵第90～120d为第二个旺盛期，推测是有不同的可供该门细菌代谢的有机物分别出现在这两个旺盛期。

c. 变形菌门大量存在于沼气发酵活性污泥、粪便及土壤等生态环境中，该门细菌具有水解作用[115]。由表3.10可知，变形菌门是第三优势细菌门（平均相对丰度为8.02%）；沼气发酵启动后，变形菌门的相对丰度呈现快速上升的趋势，发酵第10d即已达到整个沼气发酵过程的最高峰（52.83%），同时也是发酵第10d各门细菌中相对丰度最高的，这是因为该门细菌在发酵初期大量利用了可供其代谢的有机物；随后，该门细菌的相对丰度又迅速下降，至发酵第20d时已低至3.57%，此后一直在保持2.65%～6.89%的水平；变形菌门相对丰度的时间动态表明，该门细菌的代谢旺盛期出现在发酵初期，即可供变形菌门代谢的有机物在发酵初期即被大量消耗。

d. 互养菌门广泛分布于各种厌氧生态系统中（如动物胃肠道、污水处理装置等），该门细菌主要具有发酵降解氨基酸的功能，在去除沼气发酵系统的中间代谢产物方面发挥重要作用[116]。由表3.10可知，互养菌门是第四优势细菌门（平均相对丰度为3.40%）。该门细菌的相对丰度随发酵的进行呈不断上升的趋势，至发酵第50d时出现第一个高峰（3.8%），随后不断下降至1.36%（发酵第60d），此后，由呈现快速上升的趋势，至发酵第80d时达最高峰（9.07%），随后逐渐下降直至发酵结束。互养菌门相对丰度的时间动态表明，发酵第50d左右和发酵第80d左右是该门细菌代谢旺盛的两个时期，呈现一定的阶段性，推测是可供该门细菌代谢的有机物阶段性生成。

e. 放线菌门在工业沼气发酵系统和实验室沼气发酵系统中均有广泛分布[117-118]，具有发酵可溶性糖类（葡萄糖、果糖等）生成有机酸（乙酸、琥珀酸、乳酸）的作用。由表3.10可知，放线菌门是第五优势细菌门（平均相对丰度为1.36%）。沼气发酵启动后，由于该门细菌中好氧细菌随着厌氧环境的形成而不断消亡，导致其相对丰度不断降低。发酵第20d后，相对丰度不断上升，至第30d时达到最高峰（2.43%），此后不断下降，至发酵第40d后又呈现逐渐上升的趋势，至发酵第70d时达到第二个高峰（1.78%），此后，随着该门细菌能利用的有机物逐渐消耗，其相对丰度呈逐渐下降的趋势，直至发酵结束。放线菌门相对丰度的时间动态表明，该门细菌在发酵第30d左右和发酵第70d左右分别出现两个代谢高峰期，其中又以第一个高峰为最。

② 属分类水平

根据所有样品在属水平的物种注释及丰度信息，选取平均丰度排名前25的属，生成物种相对丰度表，参见表3.11。

表 3.11 A 系统细菌属水平上的物种相对丰度

单位：%

属名	A0	A10	A20	A30	A40	A50	A60	A70	A80	A90	A100	A110	A120	平均值
梭状芽孢杆菌属	22.36	9.81	20.48	20.02	18.18	17.78	24.29	17.40	13.83	20.46	19.41	10.61	8.73	17.19
地孢子杆菌属(*Terrisporobacter*)	14.48	6.89	15.91	11.59	16.58	15.45	11.63	10.78	10.96	17.07	13.53	7.88	5.60	12.19
链球菌属(*Streptococcus*)	13.40	2.29	14.03	10.72	10.72	8.00	9.27	6.05	4.57	4.20	3.48	2.04	1.86	6.97
*vadinBC*27 wastewater-sludge group①	0.64	0.59	1.79	1.10	3.83	4.27	1.41	1.91	6.46	4.34	7.00	13.66	13.06	4.62
unidentified *Synergistaceae*②	0.32	0.81	1.60	1.48	3.10	3.61	1.15	3.24	8.69	5.42	2.58	4.65	4.58	3.16
弧菌属	0.06	38.14	0.11	0.06	0.06	0.07	0.07	0.04	0.05	0.07	0.00	0.13	0.01	3.04
罗姆布茨菌属(*Romboutsia*)	3.06	1.63	3.38	2.80	3.57	3.24	2.37	2.67	2.26	3.51	2.94	1.88	1.41	2.67
苏黎世杆菌属(*Turicibacter*)	1.91	1.45	2.93	2.37	3.57	3.33	2.32	2.40	2.91	3.11	2.81	2.02	1.72	2.53
克里斯滕森菌属(*Christensenellaceae* _*R*-7_group)	1.09	1.08	1.77	2.57	2.18	2.40	2.30	3.27	2.92	2.94	3.35	3.05	3.30	2.47
乳杆菌属(*Lactobacillus*)	4.92	0.57	4.86	4.13	3.82	2.47	2.85	2.05	1.53	0.97	0.81	0.43	0.49	2.30
*Atopostipes*③	6.03	0.32	2.64	1.82	1.35	0.91	0.88	0.63	0.52	0.29	0.59	0.22	0.37	1.28
嗜蛋白质菌属(*Proteiniphilum*)	0.26	0.26	1.55	1.03	1.31	1.10	1.15	0.86	1.00	0.65	0.82	1.11	1.57	0.97
*Petrimonas*④	0.45	0.32	1.07	1.02	0.87	0.67	0.99	1.03	1.16	0.64	0.87	1.28	1.78	0.93
长杆菌属(*Prolixibacter*)	0.11	0.22	0.16	0.85	1.37	1.80	1.83	3.16	0.89	0.57	0.35	0.41	0.35	0.92
*Fastidiosipila*⑤	0.42	0.46	0.51	0.97	0.56	0.57	0.86	0.99	0.88	0.74	1.17	0.90	1.03	0.77
瘤胃球菌属	0.23	0.33	0.28	0.94	1.18	1.71	1.31	1.25	0.66	0.70	0.39	0.36	0.25	0.73
*Sedimentibacter*⑥	0.14	0.39	0.32	0.41	0.35	0.48	0.73	0.82	0.87	0.85	1.04	1.28	1.44	0.70
假单胞菌属	0.36	0.78	0.51	0.31	0.34	0.26	0.48	0.04	0.21	0.42	0.94	2.28	1.85	0.68
瘤胃梭菌属(*Ruminiclostridium* _1)	0.14	0.33	0.17	0.33	0.38	0.97	0.82	0.73	0.59	0.44	0.53	0.65	0.70	0.52
*Anaerovorax*⑦	0.15	0.20	0.28	0.22	0.39	0.40	0.37	0.46	0.69	0.68	0.81	0.95	0.67	0.48
互营单胞菌属	0.18	0.19	0.25	0.42	0.22	0.30	0.23	0.58	0.47	0.50	0.55	0.48	0.49	0.37
解纤维素菌属(*Cellulosilyticum*)	0.16	0.30	0.21	0.50	0.47	0.46	0.36	0.25	0.34	0.36	0.52	0.35	0.32	0.35
螺旋体属(*Treponema* _2)	0.11	0.03	0.11	0.34	0.21	0.32	0.35	0.58	0.77	0.16	0.15	0.15	0.24	0.27
组织菌属(*Tissierella*)	0.85	0.12	0.35	0.35	0.29	0.17	0.23	0.14	0.11	0.12	0.25	0.12	0.14	0.25
盐单胞菌属(*Halomonas*)	0.01	2.65	0.02	0.03	0.01	0.01	0.30	0.00	0.01	0.02	0.00	0.02	0.00	0.24
其他细菌属	28.17	29.82	24.72	33.62	25.06	29.27	31.45	38.66	36.64	30.75	35.12	43.11	48.04	33.38

①②③④⑤⑥⑦目前无中文名称。

由表3.11可知，丰度排名前25的属：有16个属于厚壁菌门，平均相对丰度合计占厚壁菌门的77.75%；有4个属于拟杆菌门，平均相对丰度合计占拟杆菌门的42.84%；有3个属于变形菌门，平均相对丰度合计占变形菌门的49.50%；有1个属于互养菌门，平均相对丰度占互养菌门的93.18%；有1个属于螺旋体门，平均相对丰度占螺旋体门的41.22%。在整个发酵过程中，平均相对丰度大于2%的属共有10个，由大到小分别是：厚壁菌门的梭状芽孢杆菌属、地孢子杆菌属、链球菌属，拟杆菌门的*vadinBC*27 wastewater-sludge group，互养菌门的unidentified *Synergistaceae*，变形菌门的弧菌属，厚壁菌门的罗姆布茨菌属、苏黎世杆菌属、*Christensenellaceae*_*R*-7_group、乳酸杆菌属。

第一优势细菌属梭状芽孢杆菌属［厚壁菌门/梭菌纲（Clostridia）/梭菌目/梭菌科（Clostridiaceae）］为典型的纤维素分解菌，同时也能有效分解半纤维素，并具有发酵单糖产有机酸的功能[119]；而且，该属细菌也是主要的厌氧发酵产氢微生物[27]。由表3.11可知，梭状芽孢杆菌属在发酵第10d的丰度比发酵启动时降低了12.55%，这是因为该属细菌为厌氧或微需氧的芽孢杆菌，沼气发酵过程中厌氧环境形成会使微需氧的芽孢杆菌消亡。发酵第10d后，梭状芽孢杆菌属的相对丰度呈逐渐上升趋势，并在发酵第20d时出现第一个高峰（20.48%），在发酵第30～50d之间基本维持在较高丰度水平，这是由于该属细菌大量利用了水解细菌产生的单糖来发酵产酸和产氢；随后在发酵第60d时丰度达最高（24.29%），此后相对丰度有所下降，接着在发酵第90d时出现第三个高峰（20.46%），此后相对丰度不断下降直至发酵结束时的8.73%。梭状芽孢杆菌属相对丰度的时间动态表明该属细菌在沼气发酵代谢过程中的旺盛繁殖与发酵原料中的有机基质有关，并且对这些有机基质的代谢有较明显的顺序性，这是由于发酵原料中的纤维素、半纤维素及果胶等有机基质的水解难易程度不一，易水解的半纤维素被梭状芽孢杆菌属分解的速率要明显快于纤维素和果胶等不易水解的有机基质，分析结果表明发酵料液中的半纤维素主要在发酵第60d被该属细菌大量分解，而纤维素则在发酵第90d开始被缓慢分解。

第二优势细菌属地孢子杆菌属［厚壁菌门/梭菌纲/梭菌目/消化链球菌科（Peptostreptococcaceae）］可利用葡萄糖、果糖、麦芽糖、木糖、纤维二糖、山梨糖醇、蜜二糖及松三糖等基质，可发酵葡萄糖产生乙酸和CO_2[120]，在沼气发酵代谢系统中具有发酵有机基质的水解产物并产酸的作用。由表3.11可知，地孢子杆菌属的相对丰度在整个发酵过程中呈波动趋势。首先在发酵第20d时出现第一个高峰（15.91%），然后在发酵第40d时出现第二个高峰（16.58%），此后呈逐渐下降趋势，至发酵第80d开始回升，并在发酵第90d时达最高峰（17.07%）。地孢子杆菌属相对丰度的时间动态与梭状芽孢杆菌属的大体一致，表明地孢子杆菌属将梭状芽孢杆菌属的代谢产物（水解有机基质的产物）进一步发酵。发酵第90d后，地孢子杆菌属的相对丰度呈逐渐下降趋势，并在发酵结束时（第120d）达最低值（8.73%）。

第三优势细菌属是链球菌属［厚壁菌门/芽孢杆菌纲（Bacilli）/乳杆菌目（Lactobacillales）/链球菌科（Streptococcaceae）］，属于兼性厌氧菌，为典型的蛋白质分解菌[47]。由表3.11可知，链球菌属的相对丰度在发酵第20d时达到最高峰

(14.03%)，发酵第 20d 后，链球菌属的相对丰度呈现逐渐下降趋势，并在发酵第 120d 时达最低值（1.86%），表明发酵料液中的蛋白质主要在发酵第 20d 左右被大量利用。

第四优势细菌属 *vadinBC27* wastewater-sludge group［拟杆菌门/拟杆菌纲（Bacteroidia）/拟杆菌目/理研菌科（Rikenellaceae）］，具有发酵氨基酸（半胱氨酸、亮氨酸、蛋氨酸、丝氨酸、色氨酸、缬氨酸）产生小分子脂肪酸的功能[121]。由表 3.11 可知，*vadinBC27* wastewater-sludge group 的相对丰度在整个沼气发酵过程中呈现逐渐上升的趋势，并在发酵第 110d 时达到最高峰（13.66%），并维持至发酵结束时（13.06%）。一方面说明了该属细菌不断代谢发酵原料中残留以及蛋白质水解产生的氨基酸，此时水溶性的氨基酸已被充分消耗，而相对丰度的最高峰却出现在快要发酵结束时，究其原因，这可能与该细菌属还具有代谢难降解有机物的功能有关[122]，而难降解有机物在沼气发酵过程中的代谢消耗具有明显的滞后性，表明发酵原料中存在一定难降解的有机物，并且难降解有机物的代谢作用主要出现在发酵末期。

第五优势细菌属 unidentified *Synergistaceae*［互养菌门/互养菌纲（Synergistia）/互养菌目（Synergistales）/互养菌科（Synergistaceae）］，该属为互养菌科的未定属，互养菌科的细菌能发酵精氨酸、组氨酸和甘氨酸等氨基酸并产生甲酸、乙酸、丙酸、H_2 和 NH_3[47, 123]，也能降解吡啶二醇等难降解有机物[124]。由表 3.11 可知，unidentified *Synergistaceae* 的相对丰度呈现逐渐上升趋势，至发酵第 50d 时达到第 1 个高峰（3.61%），但发酵第 60d 时又出现明显下降，表明该属细菌在发酵第 30～50d 阶段有大量活动、繁殖旺盛，而发酵第 50～60d 的阶段代谢活动减弱，这是因为蛋白质在沼气发酵过程中水解产生的氨基酸在发酵第 30～50d 被该属细菌有效利用，而随着氨基酸的消耗，导致发酵第 50～60d 时该属细菌的相对丰度有所下降；发酵第 60d，unidentified *Synergistaceae* 的相对丰度明显快速升高并在第 80d 达到最高峰（8.69%），随后呈不断下降的趋势，直至发酵结束，表明该属细菌在发酵第 70～90d 时大量利用了可供其代谢的基质。究其原因，可能是发酵原料中含有含羞草素等难降解有机物，含羞草素（结构与酪氨酸相似，可看作一种毒性氨基酸）经微生物的代谢作用主要产生吡啶二醇[125]。究其来源，推测是发酵原料（猪粪）的取样养殖场采用了银合欢（*Leucaena leucocephala*）饲料，而该饲料含有含羞草素，有一定毒性，需脱毒处理降低毒性才可饲喂[126]。

第六优势细菌属弧菌属［变形菌门/γ-变形菌纲（Gammaproteobacteria）/弧菌目（Vibrionales）/弧菌科（Vibrionaceae）］，为兼性厌氧菌，是沼气发酵中占优势的脂肪分解菌，该属细菌水解脂肪分子（甘油三酯）生成脂肪酸和甘油，再发酵甘油产生丙酸和琥珀酸[8]。由表 3.11 可知，弧菌属的相对丰度在发酵启动后迅速上升并在发酵第 10d 即达到最高峰（38.14%），相比发酵启动时升高了 38.08%，随后又呈迅速下降的趋势，至发酵第 20d 时，已降至 0.11%，此后一直维持在 0.06%左右的水平，表明弧菌属在发酵第 0～20d 之间代谢旺盛。同时从纵向比较来看，弧菌属在发酵第 10d 的相对丰度要远远大于梭状芽孢杆菌属、地孢子杆菌属、链球菌属等细菌属，表明发酵第10d左右主要发生脂肪的分解作用。究其原因，发酵原料中的脂肪是较易水解的有机基质，在沼气发酵启动后，能优先被功能菌群水解并进行发酵作用，当脂肪基质被充分消耗后，弧菌属的代谢活动大幅度减弱，导致其相对丰度迅速降低。

第七优势细菌属罗姆布茨菌属（厚壁菌门/梭菌纲/梭菌目/消化链球菌科），可利用蔗糖、葡萄糖、果糖、麦芽糖、核糖、阿拉伯糖、海藻糖、半乳糖、蜜三糖等可溶性糖类，并产生乙酸、甲酸、乳酸、H_2 及 CO_2 等代谢产物[127]。由表3.11可知，罗姆布茨菌属分别在发酵第20d、40d、90d出现三个相对丰度高峰（3.38%、3.57%、3.51%），表明该属细菌有3次大的葡萄糖等可溶性糖类的代谢活动，这是由于罗姆布茨菌属在沼气发酵代谢过程的第一阶段（水解发酵阶段）负责发酵产酸，而大分子碳水化合物（纤维素等）的水解产糖（可溶性），随着发酵原料中有机基质的水解难易程度呈现明显的阶段性。罗姆布茨菌属与第二优势细菌属地孢子杆菌属同属消化链球菌科，这两个细菌属相对丰度高峰的出现时间一致，表明它们共同参与了发酵糖产酸的过程。

第八优势细菌属苏黎世杆菌属［厚壁菌门/丹毒丝菌纲（Erysipelotrichia）/丹毒丝菌目（Erysipelotrichales）/丹毒丝菌科（Erysipelotrichaceae）］主要具有发酵麦芽糖产乳酸的功能[128]。由表3.11可知，苏黎世杆菌属的相对丰度呈不断上升的趋势，并在发酵第20d时出现第一个高峰（2.93%），接着在发酵第40d时达到最高峰（3.57%），这是因为发酵原料中含有的淀粉基质，经过水解作用生成麦芽糖，苏黎世杆菌属发酵麦芽糖，导致该属细菌繁殖旺盛。此后，该属细菌的相对丰度呈现逐渐下降的趋势，但在发酵第70d时开始回升，至发酵第90d时达到第三个高峰（3.11%），随后逐渐下降直至发酵结束时（1.72%）。由于淀粉是易水解物质，在发酵第40d左右时已被充分消耗，而该属细菌在发酵第90d时又出现了大量活动的现象，表明发酵系统中还存在可供该属细菌代谢的基质，推测是苏黎世杆菌属参与了发酵后期难降解有机物的代谢。根据Zhao等[129]学者的研究，经抗生素庆大霉素或头孢曲松处理后小鼠肠道菌群的分布具有选择性，体现在处理后小鼠粪样中丹毒丝菌科的相对丰度要比对照组显著升高，究其原因，可能是丹毒丝菌科参与了庆大霉素或头孢曲松等抗生素的厌氧降解。结合本书研究，以及相关学者得出的抗生素在沼气发酵过程中能有效降解的研究结果[130]，作者推测苏黎世杆菌属参与了发酵原料中残留抗生素的厌氧降解。

第九优势细菌属为克里斯滕森菌属［厚壁菌门/梭菌纲/梭菌目/克里斯滕森菌科（Christensenellaceae）］，发现于动物肠道[131]，就作者所知，尚没有文献报道过沼气发酵系统中存在该细菌属，该属所在的科为克里斯滕森菌科，该科的细菌具有发酵可溶性糖类产生挥发性脂肪酸的功能[132]。2014年，*Cell* 期刊曾报道肠道细菌克里斯滕森菌科在身材较瘦的人体内丰度更高，该科细菌可抑制体重增加，原因可能是该科细菌对葡萄糖等可溶性糖类的代谢阈值要普遍低于其他功能菌群，能对可溶性糖进行深度处理、充分代谢[133]。由表3.11可知，克里斯滕森菌属的相对丰度呈现逐渐上升的趋势，并在发酵第100d时达到最高峰（3.35%），直至发酵结束时始终保持在相对较高的水平（3.30%），没有表现出明显下降的趋势，表明在整个发酵过程中，该属细菌始终在发挥发酵产酸作用。究其原因，结合 *Cell* 期刊的报道，推测是沼气发酵系统中的克里斯滕森菌科处于与肠道相似的厌氧环境，发挥着相似的作用，能将浓度低于相关功能菌群代谢阈值的可溶性糖类进一步充分发酵，导致该科细菌的繁殖日趋旺盛。

第十优势细菌属乳酸杆菌属 ［厚壁菌门/芽孢杆菌纲/乳杆菌目/乳杆菌科（Lactobacillaceae）］ 能将葡萄糖发酵生成乳酸以及少量的乙酸、乙醇、H_2、CO_2，该属细菌兼性厌氧或微需氧[134]。由表 3.11 可知，乳酸杆菌属的相对丰度在发酵第 20d 时达到启动后的最高峰（4.86%），随后呈逐渐下降的趋势，直至发酵结束。该属细菌相对丰度的时间动态与第三优势细菌属链球菌属的大体一致（这两种细菌群均能进行乳酸发酵），表明了乳酸发酵主要发生在沼气发酵初期。

第十一优势细菌属 *Atopostipes*［厚壁菌门/芽孢杆菌纲 /乳杆菌目/肉杆菌科（Carnobacteriaceae）］具有发酵产酸的作用，利用苦杏仁苷、纤维二糖、七叶苷、葡萄糖、乳糖、麦芽糖、甘露糖、蜜三糖、蔗糖等作为能量来源物质，可发酵葡萄糖产乳酸、乙酸和甲酸[135]。由表 3.11 可知，*Atopostipes* 的相对丰度在发酵第 20d 即达到最高峰（2.64%），随后呈不断下降趋势，直至发酵结束，表明该属细菌主要在发酵初期发挥作用。

第十二优势细菌属嗜蛋白质菌属 ［拟杆菌门/拟杆菌纲/拟杆菌目/紫单胞菌科（Porphyromonadaceae）］ 为蛋白质分解菌，同时具有发酵产酸的功能，其碳源和能源物质为酵母提取物、蛋白胨、丙酮酸、甘氨酸和精氨酸等，不能利用碳水化合物和醇类，乙酸是主要的发酵产物，其次为丙酸，同时还有 CO_2 和 NH_3[136]。另外，Larsen 等学者研究发现嗜蛋白质菌属在厌氧条件下能有效促进环境污染物多环芳烃（polycyclic aromatic hydrocarbons）的降解，多环芳烃广泛分布于环境中，任何存在有机物的加工、废弃、燃烧或使用的地方都有可能产生多环芳烃[137]。由表 3.11 可知，嗜蛋白质菌属的相对丰度在发酵第 20d 即达第一个高峰（1.55%），这是由于该属细菌参与了发酵原料中蛋白质的水解；随后呈波动下降趋势，至发酵第 90d 开始呈现上升趋势，到发酵第 120d 时已达最高峰（1.57%），表明在发酵后期该属细菌又开始大量活动，推测该属细菌在发酵后期进行了难降解有机物的降解代谢。

第十三优势细菌属 *Petrimonas*（拟杆菌门/拟杆菌纲/拟杆菌目/紫单胞菌科）具有发酵产酸的作用，将葡萄糖、果糖、蔗糖、纤维二糖等发酵生成乙酸、H_2、CO_2[138]；另外，相关研究报道了 *Petrimonas* 作为主要细菌，参与了环境中广泛存在的难降解有毒有机污染物（如氯酚类化合物、三氯乙烯等）的厌氧生物降解[139]。由表 3.11 可知，发酵启动后，*Petrimonas* 的相对丰度呈现不断上升的趋势，在发酵第 20d、80d、120d 时出现三个高峰（1.07%、1.16%、1.78%），表明该属细菌有 3 次规模较大的代谢活动，前两次高峰的形成是由于该属细菌将碳水化合物的水解产物如葡萄糖等进行发酵产酸，第三次高峰也是最高峰的出现原因可能是该属细菌参与了难降解有机污染物的降解。

第十四优势细菌属长杆菌属［拟杆菌门/拟杆菌纲/Unidentified_Bacteroidia❶目/长杆菌科（Prolixibacteraceae）］在厌氧条件下可发酵纤维二糖、蔗糖、麦芽糖、葡萄糖、木糖、果糖、乳糖等，琥珀酸是葡萄糖发酵的主要代谢产物[140]。由表3.11可知，长杆菌属的相对丰度呈现不断上升的趋势，并在发酵第70d达到最高峰（3.16%），随后不断降低，直至发酵结束，表明该属细菌主要在发酵第70d左右有大量活动。

第十五优势细菌属 *Fastidiosipila*（厚壁菌门/梭菌纲/梭菌目/瘤胃球菌科），在沼气发酵代谢过程中主要产生乙酸和丁酸[141]。相关研究指出，该属细菌能参与农用化学品中硝基芳族化合物、硝基多环芳族化合物的厌氧降解[142]。由表3.11可知，发酵启动后，*Fastidiosipila* 的相对丰度呈现波动上升的趋势，并在发酵第30d、70d、100d出现三个高峰（0.97%、0.99%、1.17%），其中又以第三个高峰为最，推测该属细菌在发酵后期进行了难降解有机污染物的厌氧生物降解。

第十六优势细菌属瘤胃球菌属（厚壁菌门/梭菌纲/梭菌目/瘤胃球菌科），具有发酵碳水化合物生成乙酸、甲酸、琥珀酸、乳酸及乙醇的功能[47]，是一种常见的厌氧发酵产氢细菌[27]。由表3.11可知，瘤胃球菌属的相对丰度在发酵启动后呈现不断上升的趋势，并在发酵第50d时达到最高峰（1.71%），随后又呈逐渐下降的趋势，直至发酵结束，表明该属细菌的代谢旺盛期在发酵第50d左右。

第十七优势细菌属 *Sedimentibacter*（厚壁菌门/梭菌纲/梭菌目/Family_XI❷科），具有发酵氨基酸（如缬氨酸、亮氨酸、异亮氨酸、甲硫氨酸、甘氨酸等）产生挥发性脂肪酸（乙酸、丁酸等）的功能[143]；同时，相关研究也表明该属细菌能参与多氯联苯、六氯环己烷、藻青素等有机物的厌氧代谢[144]；多氯联苯和六氯环己烷在自然界极难分解，属于持久性有机污染物。多氯联苯的全球总产量约130万吨[145]，其中已有30%左右进入到环境中，造成危害，而六氯环己烷在20世纪50～60年代被全世界广泛生产和应用[146]。由表3.11可知，发酵启动后，*Sedimentibacter* 的相对丰度呈现不断升高的趋势，并在发酵第120d时达到最高峰（1.44%），是发酵启动时的10倍，表明该属细菌在发酵末期繁殖旺盛，究其原因，可能是该属细菌在发酵后期进行了难降解有机物的生物降解。

第十八优势细菌属假单胞菌属［变形菌门/γ-变形菌纲/假单胞菌目（Pseudomonadales）/假单胞菌科（Pseudomonadaceae）］，该属细菌具有较强的蛋白质分解能力，可发酵葡萄糖但能力偏低，也可分解尿素[47]。另外，该属细菌还能参与吡啶、苯酚、对二氯苯、硝基苯、甲苯等难降解有机污染物（来源于消毒剂、农药、医药等）的生物降解[147]。由表3.11可知，假单胞菌属的相对丰度在发酵第10d即达到第一个高峰（0.78%），随后呈现逐渐下降的趋势，这是因为该属细菌参与了发酵初期蛋白质的降解。然后假单胞菌属在发酵第70d停止下降，开始快速回升，并在发酵第110d达到最高峰（2.28%），在发酵结束时也保持相对较高的丰度水平（1.85%），表明该属细菌在发酵后期有大量活动，原因可能是该属细菌在发酵后期

❶❷该目细菌目前无中文名称。

参与了难降解有机污染物的降解。

第十九优势细菌属瘤胃梭菌属（厚壁菌门/梭菌纲/梭菌目/瘤胃球菌科），该属细菌能分解纤维素产生葡萄糖，并且水解所产生的葡萄糖比例是目前已知纤维素分解菌中最高的，同时可发酵葡萄糖、果糖等，最终代谢产物为乙酸、乙醇和乳酸[148]。另外，Dumitrache等学者研究发现，该属细菌能对木质纤维素进行降解，一般认为木质纤维素在沼气发酵系统中难降解或只能部分降解[149]。由表3.11可知，瘤胃梭菌属的相对丰度在发酵第10d达到一个小高峰（0.33%），然后在发酵第50d达到最高峰（0.97%），此后不断下降至发酵第90d，随后又呈上升趋势，直至发酵结束时（0.70%）。该属细菌相对丰度的时间动态表明，发酵第50d为其代谢最旺盛期，这是由于该属细菌充分利用了发酵原料中的可溶性糖类，而在发酵后期该属细菌又开始旺盛繁殖，究其原因，则是该属细菌参与了纤维素等不易水解有机物的代谢过程。

第二十优势细菌属*Anaerovorax*（厚壁菌门/梭菌纲/梭菌目/*Family*_XIII❶科）具有发酵丁二胺产乙酸、丁酸、H_2和NH_3的功能[150]。另外，Zeng等发现在环状化合物（呋喃和酚类化合物）的厌氧发酵系统中，*Anaerovorax*是优势的细菌属[151]。由表3.11可知，发酵启动后，*Anaerovorax*的相对丰度呈现不断升高的趋势，并在发酵第110d达到最高峰（0.95%），表明该属细菌主要在发酵后期发挥作用，原因可能是该属细菌参与了难降解有机物的生物降解。

第二十一优势细菌属为互营单胞菌属［厚壁菌门/梭菌纲/梭菌目/互营单胞菌科（Syntrophomonadaceae）］，该属细菌在沼气发酵微生物中归类为产氢产乙酸菌，其作用是将水解发酵阶段产生的挥发性脂肪酸（如丁酸），进一步代谢生成乙酸和H_2，成为产甲烷菌可以代谢的基质，该属细菌与亨氏甲烷螺菌和布氏甲烷杆菌等产甲烷菌之间存在互营联合作用（种间氢转移）[47]。由表3.11可知，发酵启动后，互营单胞菌属的相对丰度呈现波动上升的趋势，并在发酵第30d、50d、70d、100d时出现四个高峰（0.42%、0.30%、0.58%、0.55%），尤以发酵第70d为最，表明此时丁酸的产氢产乙酸代谢最为旺盛。互营单胞菌属的存在表明A系统中存在沼气发酵第二阶段（产氢产乙酸）的代谢过程，但其平均相对丰度处于比较低的水平，则说明产氢产乙酸代谢活动较弱。

第二十二优势细菌属解纤维素菌属［厚壁菌门/梭菌纲/梭菌目/毛螺旋菌科（Lachnospiraceae）］可水解纤维素、半纤维素和果胶，并发酵纤维二糖，不能发酵葡萄糖，乙酸为主要的代谢终产物[47]。Wang等学者研究发现解纤维素菌属能参与木质纤维素的代谢[152]。由表3.11可知，解纤维素菌属的相对丰度随发酵的进行呈现波动上升的趋势，在发酵第10d、30d、100d有三次高峰（0.30%、0.50%、0.52%），表明该属细菌在发酵初期和发酵后期有大量活动，发酵初期的旺盛繁殖是因为对发酵原料中的纤维二糖等有机物的利用，而发酵后期的旺盛繁殖则是因为参与了纤维素等不易水解有机基质的分解。

---

❶ 该科细菌目前无中文名称。

第二十三优势细菌属螺旋体属［螺旋体门/Unidentified_Spirochaetes❶纲/螺旋体目（Spirochaetales）/螺旋体科（Spirochaetaceae）］将碳水化合物或氨基酸作为碳源和能源，不直接分解纤维素，但与纤维素分解菌（如产琥珀酸拟杆菌）共生，起到增强纤维素分解能力，将纤维素分解菌水解产生的葡萄糖等可溶性糖类作为发酵基质，琥珀酸、乙酸和甲酸为主要的代谢产物[47]。由表3.11可知，发酵启动后，螺旋体属的相对丰度呈现不断上升的趋势，并在发酵第80d时达到最高峰（0.77%），随后逐渐下降，表明该属细菌在发酵第80d时有大量活动。

第二十四优势细菌属组织菌属（厚壁菌门/梭菌纲/梭菌目/Family_XI❷科）主要代谢肌酸或肌酐生成乙酸、氨基酸和CO_2，也可发酵氨基酸、碳水化合物，但发酵能力很弱[47]。Gomes等学者发现，组织菌属是多氯联苯厌氧生物降解系统中的主要功能菌属[144]。由表3.11可知，组织菌属的相对丰度在发酵第10d即从启动时的0.85%降低至0.12%。究其原因，这与该属细菌的发酵能力很弱有关，导致其竞争不过其他发酵氨基酸和碳水化合物的细菌。随着环境中水解产物的增多，该属细菌也逐渐提升发酵能力，相对丰度在发酵第20d达到发酵启动后的最高峰（0.35%）。此后，该属细菌的相对丰度呈现逐渐下降的趋势直至发酵第80d，随后又开始出现上升的趋势，接着在发酵第100d时达到小高峰（0.25%），推测是该属细菌在发酵后期参与了难降解有机污染物的生物降解。

第二十五优势细菌属盐单胞菌属［变形菌门/γ-变形菌纲/海洋螺菌目（Oceanospirillales）/盐单胞菌科（Halomonadaceae）］的碳源和能源物质主要有碳水化合物、氨基酸、多元醇和烃[47]。由表3.11可知，盐单胞菌属的相对丰度在发酵第10d即达到最高峰（2.65%），这是因为该属细菌在发酵初期即高效利用了葡萄糖、氨基酸等有机物。此后，除了在发酵第60d时出现一个小高峰外（0.30%），其他发酵时期均在0.03%以下。

综上所述，平均相对丰度排名前25的细菌属中，有24个细菌属具有水解发酵功能，有1个细菌属具有产氢产乙酸功能，这些功能菌属在沼气发酵第一阶段（水解发酵阶段）和第二阶段（产氢产乙酸阶段）发挥着重要作用。

③ OTU水平

根据所有样品在OTU水平的物种注释及丰度信息，选取平均丰度排名前34的OTU，将其代表序列与基因库（GenBank）中的已知序列进行“基于局部比对算法的搜索工具”（basic local alignment search tool，BLAST）分析，找出同源性最高的菌种，再对菌种进行代谢功能的文献查阅，生成物种比对结果表，参见表3.12。

---

❶❷该细菌纲目前无中文名称。

表 3.12　A 系统细菌 OTU 水平上的物种相对丰度

OTU	平均相对丰度/%	GenBank 中已知的菌种 相似度/%	登录号	代谢基质 代谢产物	门分类 属分类
OTU_1	15.02	食纤维梭菌	KF528156.1	纤维素、木聚糖、果胶、纤维二糖、葡萄糖、麦芽糖[153]	厚壁菌门
		99		H_2、CO_2、乙酸、丁酸、甲酸、乳酸	梭状芽孢杆菌属
OTU_2	11.58	原油地孢子杆菌（*Terrisporobacter petrolearius*）	NR_137408.1	葡萄糖、果糖、麦芽糖、木糖、山梨醇、纤维二糖[120]	厚壁菌门
		99		乙酸、CO_2	地孢子杆菌属
OTU_3	6.60	解没食子酸链球菌（*Streptococcus gallolyticus*）	KT835017.1	蛋白质、纤维二糖、果糖、半乳糖、葡萄糖、乳糖[154, 155]	厚壁菌门
		100		乳酸	链球菌属
OTU_5	4.35	*Saccharicrinis marinus*①	NR_137404.1	琼脂、七叶素、纤维二糖、麦芽糖、乳糖、亚胺[156]	拟杆菌门
		87		挥发性脂肪酸	*Saccharicrinis*②
OTU_4	4.01	*Ruminococcus gauvreauii*③	NR_044265.1	葡萄糖、半乳糖、果糖、核糖、山梨糖、蔗糖[157]	厚壁菌门
		96		乙酸	瘤胃球菌属
OTU_1014	2.54	*Romboutsia timonensis*④	NR_144740.1	蔗糖、葡萄糖、果糖、麦芽糖、核糖、阿拉伯糖[127]	厚壁菌门
		99		乙酸、甲酸、乳酸、H_2、CO_2	罗姆布茨菌属
OTU_6	2.40	*Turicibacter sanguinis*⑤	HQ646364.1	麦芽糖、5-酮基葡萄糖酸[128]	厚壁菌门
		99		乳酸	苏黎世杆菌属
OTU_7	2.35	*Cloacibacillus porcorum*⑥	CP016757.1	氨基酸、黏蛋白[158]	互养菌门
		93		乙酸、丙酸、甲酸	*Cloacibacillus*⑦
OTU_16	2.01	大菱鲆弧菌（*Vibrio scophthalmi*）	CP016414.1	脂肪、己二酸、果糖、葡萄糖、麦芽糖[159]	变形菌门
		100		挥发性脂肪酸	弧菌属
OTU_8	1.53	尕海汤飞凡菌（*Tangfeifaniadiversioriginum*）	NR_134211.1	淀粉、吐温-80、阿拉伯糖、核糖、木糖、果糖、山梨糖、七叶素、松二糖、来苏糖、5-酮基葡萄糖酸[160]	拟杆菌门
		87		挥发性脂肪酸	*Tangfeifania*⑧
OTU_11	1.24	尕海汤飞凡菌	NR_134211.1	淀粉、吐温-80、阿拉伯糖、核糖、木糖、果糖	拟杆菌门
		88		挥发性脂肪酸	*Tangfeifania*
OTU_10	1.02	食淀粉乳杆菌（*Lactobacillus amylovorus*）	KX851524.1	杏仁苷、纤维二糖、七叶苷、果糖、半乳糖、葡萄糖[161]	厚壁菌门
		100		乳酸	乳杆菌属

续表

OTU	平均相对丰度/%	GenBank 中已知的菌种 相似度/%	登录号	代谢基质 代谢产物	门分类 属分类
OTU_22	1.02	罗伊氏乳杆菌(*Lactobacillus reuteri*)	KP317691.1	乳糖、葡萄糖、果糖、阿拉伯糖、核糖、蔗糖[162]	厚壁菌门
		100		乳酸、乙酸、乙醇、CO_2	乳杆菌属
OTU_471	0.88	*Vibrio renipiscarius*⑨	HG931126.1	甘露醇、蔗糖、纤维二糖、葡萄糖[163]	变形菌门
		99		挥发性脂肪酸	弧菌属
OTU_12	0.82	厌氧海洋吞噬菌(*Mariniphaga anaerophila*)	NR_134076.1	阿拉伯糖、核糖、木糖、葡萄糖、甘露糖、纤维二糖[164]	拟杆菌门
		88		琥珀酸	吞噬菌属(*Mariniphaga*)
OTU_14	0.78	丁酸梭菌(*Clostridium butyricum*)	CP013239.1	甘油、葡萄糖、蔗糖、纤维二糖、淀粉[165]	厚壁菌门
		100		丙二醇、丁酸、乙酸、甲酸、H_2、CO_2	梭状芽孢杆菌属
OTU_33	0.73	包氏梭菌(*Clostridium populeti*)	KT278845.1	纤维素、木聚糖、果胶、木糖、葡萄糖、纤维二糖[166]	厚壁菌门
		99		乙酸、丁酸、乳酸、H_2、CO_2	梭状芽孢杆菌属
OTU_17	0.73	产乙酸嗜蛋白质菌(*Proteiniphilum acetatigenes*)	NR_043154.1	蛋白质、酵母提取物、蛋白胨、丙酮酸、甘氨酸[136]	拟杆菌门
		94		乙酸、丙酸、NH_3	嗜蛋白质菌属
OTU_18	0.72	*Atopostipes suicloacalis*⑩	NR_028835.1	杏仁苷、纤维二糖、七叶苷、葡萄糖、乳糖、麦芽糖[135]	厚壁菌门
		98		乳酸、乙酸、甲酸	*Atopostipes*
OTU_20	0.66	*Alkaliflexus imshenetskii*⑪	NR_117198.1	纤维二糖、木糖、麦芽糖、木聚糖、淀粉、果胶[167]	拟杆菌门
		93		丙酸、乙酸、琥珀酸	*Alkaliflexus*⑫
OTU_13	0.66	*Caloramator australicus*⑬	NR_044489.1	葡萄糖、果糖、半乳糖、木糖、麦芽糖、蔗糖[168]	厚壁菌门
		86		乙醇、乙酸	*Caloramator*⑭
OTU_26	0.64	产乙酸嗜蛋白质菌	NR_043154.1	蛋白质、酵母提取物、蛋白胨、丙酮酸、甘氨酸	拟杆菌门
		96		乙酸、丙酸、NH_3	嗜蛋白质菌属
OTU_23	0.61	小克里斯滕森氏菌(*Christensenella minuta*)	NR_112900.1	葡萄糖、水杨苷、木糖、阿拉伯糖、鼠李糖[132]	厚壁菌门
		92		乙酸、丁酸	克里斯滕森菌属

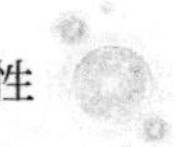

续表

OTU	平均相对丰度/%	GenBank中已知的菌种 相似度/%	登录号	代谢基质 代谢产物	门分类 属分类
OTU_36	0.60	淤泥假单胞菌（*Pseudomonas caeni*）	KX354320.1	癸酸、苹果酸、硝酸盐、亚硝酸盐[169]	变形菌门
		100		—	假单胞菌属
OTU_15	0.59	耐高温纤细杆菌（*Gracilibacter thermotolerans*）	NR_115693.1	胰蛋白胨、蛋白胨、麦芽糖、蔗糖、阿拉伯糖、果糖[170]	厚壁菌门
		86		乙酸、乳酸、乙醇	纤细杆菌属（*Gracilibacter*）
OTU_40	0.58	香港维克斯氏菌（*Owenweeksia hongkongensis*）	NR_074100.1	明胶、吐温-20[171]	拟杆菌门
		88		—	维克斯氏菌属（*Owenweeksia*）
OTU_61	0.54	尕海汤飞凡菌	NR_134211.1	淀粉、吐温-80、阿拉伯糖、核糖、木糖、果糖	拟杆菌门
		87		挥发性脂肪酸	*Tangfeifania*
OTU_25	0.51	*Cloacibacillus porcorum*	CP016757.1	氨基酸、黏蛋白	互养菌门
		93		乙酸、丙酸、甲酸	*Cloacibacillus*
OTU_21	0.46	*Prolixibacterdenitrificans*⑮	NR_137212.1	硝酸盐、阿拉伯糖、木糖、果糖、葡萄糖、甘露糖[140]	拟杆菌门
		91		亚硝酸盐、琥珀酸	长杆菌属
OTU_19	0.44	*Sunxiuqinia rutila*⑯	NR_134207.1	半乳糖、甘露糖、蜜二糖、松二糖、5-酮基葡萄糖酸[172]	拟杆菌门
		91		挥发性脂肪酸	孙秀芹氏菌属（*Sunxiuqinia*）
OTU_28	0.41	*Sedimentibacter saalensis*⑰	NR_025498.1	丙酮酸、双对氯苯基三氯乙烷[143]	厚壁菌门
		96		乙酸、丁酸、丙酸、乳酸盐、异丁酸、异戊酸	*Sedimentibacter*
OTU_623	0.41	*Atopostipes suicloacalis*	NR_028835.1	杏仁苷、纤维二糖、七叶苷、葡萄糖、乳糖、麦芽糖	厚壁菌门
		98		乳酸、乙酸、甲酸	*Atopostipes*

续表

OTU	平均相对丰度/%	GenBank 中已知的菌种 相似度/%	登录号	代谢基质 代谢产物	门分类 属分类
OTU_30	0.35	*Mahella australiensis*⑱	NR_074696.1	阿拉伯糖、纤维二糖、果糖、半乳糖、葡萄糖[173]	厚壁菌门
		85		乳酸、甲酸、乙酸、H_2、CO_2	马氏菌属(*Mahella*)
OTU_38	0.34	新型瘤胃纤维分解细菌(*Clostridium chartatabidum*)	NR_029239.2	纤维素、纤维二糖、蔗糖、果糖、葡萄糖、木糖[174]	厚壁菌门
		99		乙酸、丁酸、乙醇、H_2	梭状芽孢杆菌属

①～⑱菌种目前无中文名称。

由表 3.12 可知，丰度排名前 34 的 OTU，有 18 个属于厚壁菌门，有 11 个属于拟杆菌门，有 2 个属于互养菌门，有 3 个属于变形菌门。其中，OTU_3、OTU_16、OTU_10、OTU_22、OTU_14、OTU_36 等 6 个 OTU 成功比对到种（相似性为 100%），OTU_1、OTU_2、OTU_1014、OTU_6、OTU_471、OTU_33、OTU_38 等 7 个 OTU 与所比对的种高度相似（相似性为 99%），而其余的 22 个 OTU 与所比对种的相似性在 85%～98%之间，表明大多数 OTU 所代表的种为未培养细菌，也表明沼气发酵系统这个“黑箱”蕴藏着丰富的细菌资源。OTU1（与食纤维梭菌相似性为 99%）在整个沼气发酵过程中都是相对丰度最高的细菌种，表明纤维素分解菌是细菌中最优势的菌群，这是由于食纤维梭菌具有水解粗纤维（纤维素、半纤维素）、发酵单糖产挥发性脂肪酸的功能。另外，同属梭状芽孢杆菌属的 OTU14、OTU33 及 OTU38 等菌种也具有水解粗纤维和发酵单糖的功能。OTU2（与原油地孢子杆菌相似性为 99%）是第二优势细菌种，而该菌种具有发酵单糖产脂肪酸的功能，并且 OTU5、OTU4、OTU1014、OTU6 及 OTU7 等相对丰度排位前十名内的菌种也具有发酵产酸的功能，表明发酵性细菌是沼气发酵系统的主要细菌类群。OTU3（与解没食子酸链球菌相似性为 100%）是第三优势细菌种，由于该菌种具有水解蛋白质的能力，从而表明蛋白质水解菌是沼气发酵系统中地位次于纤维素分解菌的功能菌群。OTU16（与大菱鲆弧菌相似性为 100%），其相对丰度排位在前十名内，该菌种主要的功能是分解脂肪，表明脂肪分解菌是沼气发酵系统中次于纤维素分解菌和蛋白质水解菌的又一功能菌群。

3.2.1.2 9℃低温沼气发酵系统

（1）测序数据及阿尔法多样性

表 3.13 为 B 系统的细菌高通量测序数据结果统计。由表 3.13 可知，测序获得的有效数据数目最低值为 41220 条，最高值为 53704 条，平均值为 47488 条。从稀释曲线（参见图 3.11）可以看出，当有效数据达到 39670 条时，稀释曲线趋向平坦，表明测序数据量合理，测序深度充分，可以反映系统中绝大多数的细菌信息。有效数据

平均长度及GC碱基对含量随发酵时间的变化较小，基本保持稳定。

表 3.13 B系统的细菌测序数据统计

样品名称	有效数据/条	平均长度/bp	GC 含量/%
B0	53083	412	52.26
B10	45801	411	52.40
B20	51019	410	52.61
B30	41220	410	52.62
B40	47440	410	52.65
B50	44836	410	52.52
B60	53545	411	52.29
B70	42842	412	51.69
B80	45912	409	52.45
B90	53223	409	52.46
B100	42744	407	52.85
B110	42249	407	52.79
B120	45295	407	52.78
B130	46728	409	52.65
B140	53128	407	52.81
B150	44520	407	52.88
B160	53704	409	52.76

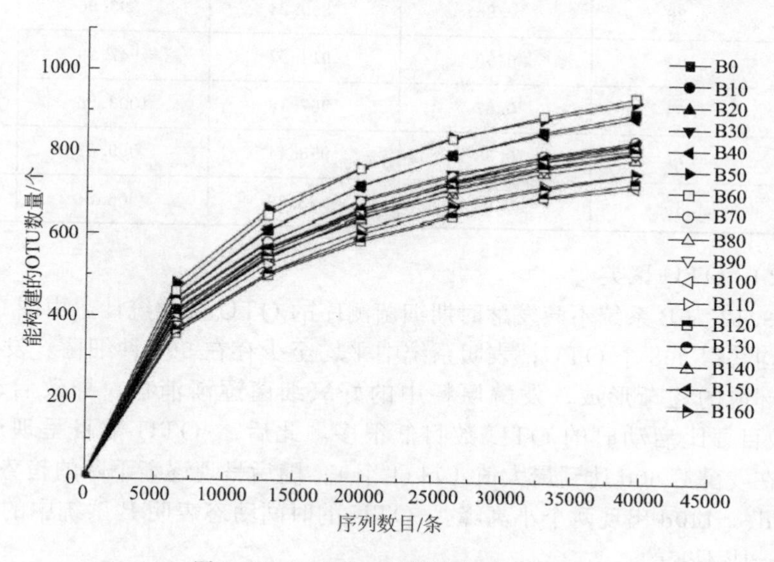

图 3.11 B系统细菌测序的稀释曲线

表3.14为B系统细菌测序获得的阿尔法多样性指数统计结果。由表3.14可知，在整个沼气发酵过程中，香农指数的变化范围为4.35～5.52，辛普森指数的变化范

围为 0.85～0.93，这两项指数分析结果表明 B 系统具有较高的细菌群落多样性；Chao1 指数的平均值为 946.62， ACE 指数的平均值为 979.12，表明 B 系统具有较高的细菌群落丰度；覆盖度指数均大于 99%，平均值为 99.50%，表明本次测序获得的数据能准确地代表各样本的真实情况。

表 3.14 B 系统细菌测序的阿尔法（Alpha）多样性指数

样品名称	香农指数	辛普森指数	Chao1 指数	ACE 指数	覆盖度/%
B0	5.18	0.92	1047.84	1081.86	99.40
B10	5.02	0.91	927.62	955.40	99.50
B20	4.68	0.89	983.01	1013.62	99.40
B30	4.73	0.88	928.48	953.75	99.60
B40	4.84	0.89	1018.22	1059.58	99.50
B50	5.23	0.91	1066.20	1083.98	99.50
B60	5.29	0.91	1078.24	1121.33	99.40
B70	5.52	0.93	960.42	992.28	99.50
B80	4.93	0.90	919.46	935.00	99.50
B90	4.79	0.89	919.17	972.90	99.50
B100	4.35	0.86	809.26	829.67	99.60
B110	4.40	0.85	871.33	895.43	99.60
B120	4.36	0.86	859.24	893.06	99.50
B130	5.02	0.90	914.57	947.29	99.50
B140	4.59	0.87	967.18	1003.66	99.50
B150	4.71	0.88	958.44	999.63	99.50
B160	4.85	0.90	863.89	906.64	99.50

（2） OTU 聚类

图 3.12 为 B 系统不同发酵时期细菌测序的 OTU 聚类统计。由图 3.12 可知，该系统平均获得 968 个 OTU，表明系统中平均至少存在 968 种细菌。发酵启动后，随着厌氧环境的逐渐形成，发酵原料中的好氧细菌逐渐消亡，导致启动后第 10d 的 OTU 数目要比启动时的 OTU 数目低很多。此后， OTU 数目呈现逐渐上升的趋势，并在发酵第 60d 达到最大值（1111 个）；随后呈现逐渐下降的趋势，并先后于发酵第 90d、 140d 出现两个小高峰。 OTU 的时间动态表明 B 系统中的细菌类群数量并不是一成不变的。

（3）物种注释

① 门分类水平

表 3.15 为 B 系统中平均丰度排名前 15 的细菌门随发酵时间的丰度变化。

表 3.15　B 系统细菌门水平上的物种相对丰度

单位：%

门名	B0	B10	B20	B30	B40	B50	B60	B70	B80	B90	B100	B110	B120	B130	B140	B150	B160	平均值
厚壁菌门	90.94	93.04	93.23	89.36	89.98	85.77	81.63	72.31	85.74	85.96	92.28	92.21	92.39	85.37	89.83	89.76	84.74	87.92
拟杆菌门	4.58	2.97	3.06	5.52	5.29	7.91	12.62	22.44	9.47	9.09	3.42	3.82	3.95	9.25	5.72	4.67	6.81	7.09
变形菌门	2.62	2.14	1.88	2.59	2.13	2.77	2.76	2.15	1.94	1.77	1.80	1.92	1.57	2.23	1.82	2.18	2.59	2.17
互养菌门	0.29	0.38	0.58	1.29	0.93	1.36	1.25	0.64	0.79	0.93	1.10	0.87	0.93	1.38	1.50	1.69	3.81	1.16
放线菌门	0.67	0.67	0.58	0.49	0.61	0.64	0.56	0.42	0.45	0.38	0.42	0.40	0.38	0.47	0.44	0.63	0.36	0.50
螺旋体门	0.09	0.06	0.06	0.08	0.10	0.30	0.14	0.80	0.87	0.93	0.48	0.32	0.24	0.28	0.12	0.24	0.19	0.31
绿弯菌门	0.18	0.15	0.23	0.26	0.26	0.33	0.39	0.31	0.18	0.44	0.19	0.13	0.19	0.40	0.24	0.24	0.70	0.28
阴沟单胞菌门	0.22	0.11	0.06	0.07	0.17	0.20	0.15	0.19	0.09	0.06	0.02	0.01	0.05	0.13	0.04	0.09	0.26	0.11
蓝菌门	0.07	0.10	0.08	0.06	0.08	0.18	0.09	0.05	0.06	0.07	0.04	0.07	0.05	0.07	0.03	0.08	0.10	0.07
Hyd24-12①	0.07	0.10	0.04	0.05	0.06	0.11	0.05	0.06	0.06	0.04	0.03	0.06	0.05	0.06	0.04	0.07	0.05	0.06
纤维杆菌门	0.01	0.02	0.02	0.01	0.03	0.03	0.02	0.23	0.10	0.09	0.02	0.04	0.02	0.03	0.02	0.02	0.01	0.04
绿菌门(Chlorobi)	0.05	0.05	0.03	0.01	0.07	0.07	0.02	0.04	0.02	0.01	0.03	0.01	0.02	0.05	0.04	0.04	0.02	0.03
酸杆菌门	0.02	0.04	0.01	0.02	0.03	0.03	0.03	0.05	0.04	0.03	0.02	0.03	0.01	0.04	0.03	0.03	0.04	0.03
软壁菌门	0.02	0.02	0.04	0.04	0.04	0.06	0.05	0.01	0.02	0.03	0.01	0.01	0.01	0.02	0.01	0.02	0.02	0.03
疣微菌门	0.01	0.00	0.01	0.00	0.02	0.01	0.04	0.07	0.00	0.05	0.02	0.01	0.02	0.04	0.00	0.01	0.10	0.02
其他细菌门	0.16	0.14	0.10	0.15	0.21	0.23	0.19	0.23	0.16	0.13	0.10	0.10	0.13	0.19	0.12	0.22	0.20	0.16

① 目前无中文名称。

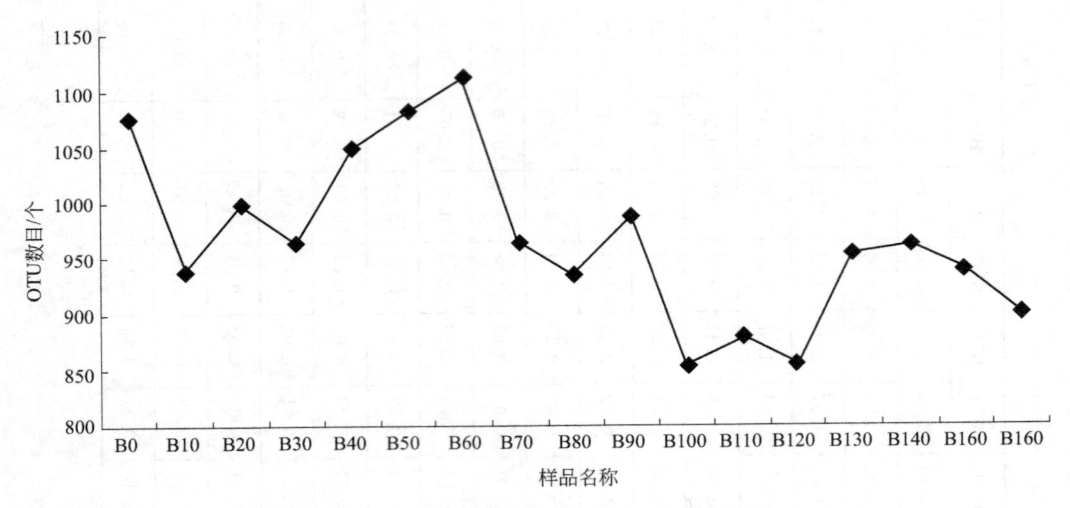

图 3.12 B系统不同发酵时期细菌测序的 OTU 聚类统计

由表 3.15 可知，厚壁菌门、拟杆菌门、变形菌门及互养菌门等细菌门的平均相对丰度均大于 1%，平均丰度之和达到了 98.34%，表明这四大类细菌为 B 系统的优势细菌类群，其中又以厚壁菌门为最（平均 87.92%）。

厚壁菌门为 B 系统中最优势的细菌门，其相对丰度的变化范围在 72.31%～93.23%之间。拟杆菌门为第二优势细菌门，其丰度随发酵的进行呈现逐渐上升的趋势，并在发酵第 70d 时达到最高峰（22.44%），随后呈现逐渐下降的趋势。变形菌门为第三优势细菌门，该门细菌在发酵前 70d 内及发酵第 130～160d 出现旺盛活动的迹象。互养菌门为第四优势细菌门，其丰度随发酵的进行呈现逐渐上升的趋势，并在发酵第 160d 时达到最高峰。这四门细菌类群在沼气发酵系统中参与了水解发酵过程，表明水解发酵性细菌在 B 系统中是占绝对优势的沼气发酵微生物。

② 属分类水平

表 3.16 为 B 系统中平均相对丰度排名前 24 的细菌属。由表 3.16 可知，在排名前 24 的细菌属中，有 17 个属于厚壁菌门、有 5 个属于拟杆菌门、有 1 个属于变形菌门、有 1 个属于互养菌门（备注：前文已述及相关菌属的功能，则本节不再赘述）。

第一优势细菌属为梭状芽孢杆菌属。发酵启动后，该属细菌的相对丰度基本都维持在 30%左右，这是由于该属细菌大量发酵了可溶性糖类等水解产物，并获得有机酸等发酵产物。到发酵第 70d 时，该属细菌的相对丰度降至最低值（23.82%），这是由于发酵初期的水解产物已被大量消耗，不足以供该属细菌继续生长繁殖。随后开始呈现逐渐上升的趋势，并在发酵第 100d 时达到最高峰（40.51%），这是由于该属细菌在发酵第 100d 左右大量水解了半纤维素，从而导致该属细菌获得了继续生长繁殖的能量。此后，呈现逐渐下降的趋势，但在发酵第 140d 左右时，又出现了丰度高峰（37.97%），这是由于该属细菌在发酵第 140d 左右时开始缓慢降解纤维素。

表 3.16　B 系统细菌属水平上的物种相对丰度

单位：%

属名	B0	B10	B20	B30	B40	B50	B60	B70	B80	B90	B100	B110	B120	B130	B140	B150	B160	平均值
梭状芽孢杆菌属	30.51	30.02	31.89	32.10	30.97	29.25	28.91	23.82	31.73	32.77	40.51	36.90	37.65	32.90	37.97	37.78	29.19	32.63
地孢子杆菌属	15.39	18.00	21.45	22.65	21.51	19.66	18.81	15.23	20.95	22.23	24.08	27.15	25.31	20.12	23.97	21.98	21.33	21.17
苏黎世杆菌属	5.81	6.97	7.55	7.77	8.97	7.52	6.67	5.28	7.75	7.63	5.88	3.74	6.53	8.47	4.70	6.75	10.74	6.98
罗姆布茨菌属	4.35	4.87	5.89	6.50	6.25	5.53	5.13	4.48	5.60	5.99	6.62	7.83	6.65	6.09	6.46	6.11	6.72	5.95
链球菌属	8.24	8.37	8.27	5.57	6.17	5.58	4.16	3.32	4.06	3.44	2.09	1.66	1.65	1.39	0.99	0.77	0.47	3.90
解纤维素菌属	1.51	1.62	1.78	1.32	1.78	1.99	1.74	2.84	2.16	1.60	1.42	1.25	1.49	1.64	1.43	1.85	1.53	1.70
拟杆菌属	0.32	0.39	0.27	0.23	0.18	1.01	4.31	9.36	2.66	1.99	0.41	0.29	0.44	0.95	0.36	0.26	0.40	1.41
乳酸杆菌属	2.74	3.02	3.18	1.64	2.65	2.57	1.80	0.50	0.49	0.40	0.42	0.48	0.33	0.16	0.25	0.16	0.08	1.23
Atopostipes	6.89	4.54	1.79	0.93	0.92	0.81	0.42	0.29	0.14	0.22	0.28	0.43	0.20	0.08	0.13	0.08	0.02	1.07
VadinBC27 wastewater-sludge group	0.47	0.19	0.47	1.60	1.24	1.93	1.94	2.44	0.81	0.69	0.30	0.43	0.51	1.55	0.64	0.64	1.57	1.03
Christensenellaceae_R-7_group	0.67	0.84	0.76	0.81	0.94	1.16	1.12	0.85	0.85	0.86	0.77	0.82	0.84	0.92	1.02	1.09	1.17	0.91
Lachnospiraceae_UCG-007①	0.71	0.77	0.87	0.67	0.90	0.92	0.68	0.63	0.84	0.87	0.84	0.80	0.80	0.90	0.90	1.05	0.93	0.83
Sedimentibacter	0.25	0.29	0.25	0.48	0.29	0.43	0.69	0.83	0.66	0.71	0.93	1.27	1.04	1.19	1.29	1.18	1.26	0.77
Prolixibacter	0.02	0.03	0.02	0.06	0.07	0.08	0.21	2.28	2.12	2.30	0.30	0.23	0.27	0.20	0.17	0.11	0.05	0.50
unidentified *Synergistaceae*	0.11	0.18	0.23	0.49	0.36	0.53	0.54	0.21	0.24	0.35	0.45	0.40	0.40	0.55	0.70	0.71	1.61	0.47
假单胞菌属	0.39	0.28	0.26	0.70	0.05	0.30	0.52	0.41	0.30	0.45	0.48	0.72	0.32	0.38	0.05	0.27	0.46	0.37
嗜蛋白质菌属	0.14	0.32	0.41	0.48	0.55	0.69	0.67	0.74	0.35	0.33	0.13	0.12	0.19	0.39	0.15	0.25	0.38	0.37
Fastidiosipila	0.23	0.20	0.22	0.33	0.27	0.33	0.35	0.34	0.31	0.27	0.30	0.33	0.31	0.37	0.45	0.41	0.34	0.32
瘤胃球菌属	0.27	0.29	0.32	0.35	0.33	0.29	0.35	0.30	0.28	0.25	0.29	0.39	0.32	0.26	0.28	0.30	0.21	0.30
瘤胃梭菌属	0.13	0.06	0.10	0.16	0.19	0.35	0.54	0.89	0.33	0.31	0.26	0.34	0.28	0.36	0.29	0.26	0.19	0.30
消化链球菌属(*Peptostreptococcus*)	1.45	1.58	0.59	0.29	0.14	0.11	0.14	0.07	0.05	0.05	0.10	0.17	0.07	0.01	0.02	0.01	0.01	0.29
糖发酵菌属(*Saccharofermentans*)	0.01	0.02	0.03	0.09	0.04	0.05	0.09	0.27	0.41	0.39	0.44	0.37	0.45	0.86	0.50	0.53	0.37	0.29
组织菌属	1.60	1.24	0.34	0.22	0.18	0.15	0.15	0.13	0.08	0.10	0.12	0.15	0.07	0.07	0.06	0.06	0.04	0.28
Petrimonas	0.26	0.26	0.21	0.39	0.29	0.32	0.38	0.34	0.32	0.32	0.17	0.15	0.17	0.36	0.19	0.23	0.39	0.28
其他细菌属	17.26	15.41	12.59	13.91	14.53	18.16	19.47	23.98	16.30	15.24	12.06	13.21	13.44	19.55	16.73	16.89	20.28	16.41

① 目前无中文名称。

第二优势细菌属为地孢子杆菌属。发酵第70d之内，地孢子杆菌属相对丰度先是逐渐上升，在发酵第30d时达到小高峰后，再缓慢下降，前70d内的丰度动态与梭状芽孢杆菌属相似，这是由于地孢子杆菌属与梭状芽孢杆菌属一样大量代谢了发酵初期的水解产物。此后，开始呈现逐渐上升的趋势，并在发酵第110d时达到最高峰（27.15%），该最高峰滞后于梭状芽孢杆菌属的丰度最高峰（发酵第100d），表明地孢子杆菌属在发酵110d时大量发酵了梭状芽孢杆菌属水解半纤维素产生的可溶性糖类，并产生有机酸。随后，地孢子杆菌属的相对丰度呈现逐渐下降的趋势，但在发酵第140d时又出现一次高峰，这是由于该属细菌利用了梭状芽孢杆菌属水解纤维素产生的可溶性糖类。

第三优势细菌属为*Turicibacter*。发酵启动后，*Turicibacter*的相对丰度呈现逐渐上升的趋势，并在发酵第40d时达到第一个高峰（8.97%），这是由于该属细菌在发酵初期大量代谢可溶性糖类。随着水解产物不断被消耗，相对丰度开始逐渐下降直至发酵第70d。此后，随着半纤维素的水解，该属细菌在发酵第140d又出现发酵产酸的代谢高峰。但该属细菌相对丰度的最高峰（10.74%）则出现在发酵第160d，这是由于该属细菌既利用了纤维素的水解产物，同时可能也参与了发酵原料中残留抗生素的厌氧代谢。

第四优势细菌属为罗姆布茨菌属。罗姆布茨菌属的相对丰度在发酵启动后呈现逐渐上升的趋势，并在发酵第30d时形成第一个小高峰（6.50%），随后呈现逐渐下降的趋势，并在发酵第70d时处于最低值（4.48%），该属细菌在发酵第70d之内的丰度动态趋势与梭状芽孢杆菌属、地孢子杆菌属基本一致，这是由于罗姆布茨菌属同样利用了发酵初期的水解产物（如可溶性糖类）来进行发酵产酸作用。随后，罗姆布茨菌属的相对丰度呈现逐渐上升的趋势，并在发酵第110d达到最高峰（7.83%），这是由于该属细菌大量利用了半纤维素的水解产物；此后，开始呈现逐渐下降的趋势。

第五优势细菌属为链球菌属。链球菌属的相对丰度在发酵第30d之内处于高峰水平（8.24%～8.37%），此后呈现迅速下降的趋势，到发酵结束时已降至0.47%。这是由于该属细菌在发酵前30d左右主要进行了蛋白质的分解作用，导致其繁殖旺盛，而随着蛋白质逐渐被消耗，该属细菌的代谢活动减弱，直至停止生长和繁殖。

第六优势细菌属为解纤维素菌属。发酵启动后，解纤维素菌属的相对丰度呈现逐渐上升的趋势，并在发酵第70d时达到最高峰（2.84%），这是由于该属细菌在发酵初期有效利用了发酵原料中的纤维二糖。此后，随着发酵原料中纤维二糖的不断消耗，该属细菌的相对丰度呈现逐渐下降的趋势。但在下降过程中，又分别于发酵第130d和第150d时出现两个小高峰，这是由于该属细菌参与了纤维素的分解代谢。

第七优势细菌属为拟杆菌属（拟杆菌门/拟杆菌纲/拟杆菌目/拟杆菌科（*Bacteroidaceae*）），该属细菌具有发酵可溶性糖类（如葡萄糖）产有机酸（主要为琥珀酸和乙酸）的功能，同时具有较弱的蛋白质水解能力。由表3.16可知，拟杆菌属的相对丰度在发酵第50d时开始迅速升高，至发酵第70d达最高峰（9.36%），这是由于该属细菌大量利用了发酵原料中的葡萄糖等有机物。此后，相对丰度呈现逐渐下降的趋势，在发酵第130d时出现一个小高峰，这是由于该属细菌利用了半纤维素的水解产物。

第八优势细菌属为乳酸杆菌属。发酵启动后，乳酸杆菌属的相对丰度呈现逐渐上升的趋势，至发酵第 30d 时达最高峰（3.18%），这是由于该属细菌利用了发酵原料中的葡萄糖等有机物。此后，相对丰度呈现逐渐下降的趋势。该属细菌的存在表明 B 系统中存在乳酸发酵的代谢过程。

第九优势细菌属为 *Atopostipes*。尽管 *Atopostipes* 的相对丰度在发酵启动时较高（6.89%），但发酵启动后即呈现迅速下降的趋势，至发酵第 30d 时已降至 1%以下，表明该属细菌在发酵产酸的代谢过程中竞争不过梭状芽孢杆菌属及地孢子杆菌属等菌属。

第十优势细菌属为 *vadinBC*27 wastewater-sludge group。发酵启动后，该属细菌的相对丰度呈现逐渐上升的趋势，并在发酵第 70d 时达到最高峰（2.44%），这是由于该属细菌在发酵初期大量消耗了发酵原料中的氨基酸以及蛋白质水解产生的氨基酸。此后，随着氨基酸的不断消耗，该属细菌的相对丰度又呈逐渐下降的趋势，并在发酵第 100d 时降至 0.5%以下。随后，又呈现逐渐上升的趋势，并在发酵第 130d 及 160d 时出现两个小高峰，推测是该属细菌参与了发酵末期难降解有机物的生物降解过程。

第十一优势细菌属为 *Christensenellaceae_R-7_group*。该属细菌的相对丰度在发酵启动后呈现逐渐上升的趋势，并在发酵第 50d 时达到高峰（1.16%），这是由于该属细菌利用了发酵原料中的葡萄糖等可溶性单糖进行发酵产酸过程。随后，相对丰度出现一定程度的下降后，在发酵末期又出现逐渐上升的趋势，并在发酵第 160d 时达到最高峰（1.17%），推测是该属细菌对葡萄糖等可溶性单糖的代谢阈值要低于其他发酵产酸菌属，导致该属细菌能对葡萄糖进行更大限度的利用。

第十二优势细菌属 *Lachnospiraceae_UCG*-007（厚壁菌门/梭菌纲/梭菌目/毛螺旋菌科）具有发酵纤维二糖产有机酸的功能。由表 3.16 可知，该属细菌的相对丰度在发酵启动后呈现逐渐上升的趋势，但相对丰度均在 1%以下。在发酵第 150d 时达到最高峰，相对丰度超过了 1%，随后又开始下跌。表明该属细菌的代谢高峰在发酵第 150d 左右，这是由于纤维素在发酵第 140d 时开始缓慢水解产生纤维二糖，给该属细菌提供了代谢的底物。

第十三优势细菌属为 *Sedimentibacter*。发酵启动后， *Sedimentibacter* 的相对丰度呈现逐渐上升的趋势，并在发酵第 30d 及第 70d 时先后出现两个小高峰，这是由于该属细菌将发酵料液中的氨基酸进行发酵并产生挥发性有机酸。在发酵第 110～160d 期间的相对丰度均大于了 1%，表明该属细菌的代谢高峰出现在发酵末期，推测是该属细菌可能参与了多氯联苯、六氯环已烷等难降解有机污染物的生物降解。

第十四优势细菌属为 *Prolixibacter*。 *Prolixibacter* 的相对丰度在发酵初期基本都在 0.1%以下，只在发酵第 70～90d 时升至 2%～2.5%，随后又降至 0.3%，表明该属细菌主要在发酵第 70～90d 时代谢旺盛。

第十五优势细菌属为 unidentified *Synergistaceae*。发酵启动后，该属细菌的相对丰度呈现逐渐上升的趋势，并在发酵第 30～60d 时出现第一个代谢旺盛期，这是由于该属细菌大量利用了蛋白质在发酵初期水解产生的氨基酸等水解产物。此后，相对丰度出现一定程度回落后又开始逐渐上升，并在发酵第160d达到最高峰，且该峰值大于1%，表明该属细菌在发酵末期繁殖旺盛，推测是该属细菌利用了含羞草素降解产生的吡啶二醇。

第十六优势细菌属为假单胞菌属。假单胞菌属的相对丰度在发酵第30d即达到第一个高峰（0.70%），这是由于该属细菌参与了发酵初期蛋白质的分解；其第二个相对丰度高峰也是最高峰出现在发酵第110d（0.72%），推测是该属细菌参与了吡啶、苯酚、对二氯苯等难降解有机污染物的生物降解。

第十七优势细菌属为嗜蛋白质菌属。发酵启动后，嗜蛋白质菌属的相对丰度呈现逐渐上升的趋势，并在发酵第70d时达到最高峰（0.74%），这是由于该属细菌参与了蛋白质的分解代谢过程。随后，相对丰度呈现不断下降的趋势，至发酵第120d时又开始回升，并于发酵第130d及160d时出现两个代谢高峰，推测该属细菌在发酵末期利用了发酵原料中的多环芳烃等难降解有机污染物。

第十八优势细菌属为*Fastidiosipila*。*Fastidiosipila*的相对丰度在发酵启动后呈现波动上升的趋势，并在发酵第140d达到最高峰（0.45%），表明该属细菌的代谢旺盛期出现在发酵末期，原因可能是该属细菌在发酵末期参与了硝基芳族化合物、硝化多环芳族化合物等难降解有机污染物的厌氧生物降解过程。

第十九优势细菌属为瘤胃球菌属。该属细菌的相对丰度在发酵第0～100d之间基本在0.3%上下波动，接着在发酵第110d时达到最高峰（0.39%）。这是由于该属细菌将半纤维素的水解产物进行发酵产酸代谢，随后相对丰度呈现逐渐下降的趋势。

第二十优势细菌属为瘤胃梭菌属。发酵启动后，该属细菌的相对丰度呈现逐渐上升的趋势，并在发酵第70d时达到最高峰（0.89%），这是由于该属细菌利用了发酵原料中的可溶性糖类，并进行发酵产酸的代谢。随后相对丰度逐渐下降，直至发酵结束。

第二十一优势细菌属为消化链球菌属（厚壁菌门/梭菌纲/梭菌目/消化链球菌科），该属细菌可将蛋白胨和氨基酸代谢为乙酸、丁酸、异丁酸、己酸和异己酸。由表3.16可知，消化链球菌属的相对丰度在发酵第10d即达到最高峰（1.58%），随后一直呈现逐渐下降的趋势，直至发酵结束。表明该属细菌主要在发酵第10d左右活动旺盛，这是由于该属细菌在发酵初期参与了蛋白质的分解代谢过程。

第二十二优势细菌属为糖发酵菌属（厚壁菌门/梭菌纲/梭菌目/瘤胃球菌科），该属细菌具有发酵可溶性单糖和醇类并生产挥发性有机酸（乙酸、乳酸、富马酸）的功能[175]。由表3.16可知，发酵启动后，糖发酵菌属的相对丰度一直呈现逐渐上升的趋势，并在发酵第130d时达到最高峰（0.86%），这是由于该属细菌利用了半纤维素的水解产物。随后，呈现逐渐下降的趋势直至发酵结束。

第二十三优势细菌属为组织菌属。组织菌属的相对丰度在发酵启动后一直呈现逐渐下降的趋势，直至发酵结束，这与该属细菌具有弱的发酵产酸能力有关，导致其很难与其他发酵产酸细菌竞争水解产物。

第二十四优势细菌属为*Petrimonas*。发酵启动后，*Petrimonas*的相对丰度呈现逐渐上升的趋势，并先后在发酵第 30d 和第 60d 时形成两个代谢高峰，这是由于该属细菌利用可溶性糖类进行了发酵产酸的代谢。随后，相对丰度出现一定程度的下降后又开始回升，并在发酵第 130d 及第 160d 时出现两个高峰，这是由于该属细菌在发酵末期利用了半纤维素和纤维素的水解产物。

③ OTU 水平

根据不同发酵时期样品在 OTU 水平的物种注释及丰度信息，选取平均相对丰度排名前 36 的 OTU，将其代表序列与基因库中的已知序列进行“基于局部比对算法的搜索工具”分析，找出同源性最高的菌种，再对菌种进行代谢功能的文献查阅，生成物种比对结果表，参见表 3.17。

表 3.17　B 系统细菌 OTU 水平上的物种相对丰度

OTU	平均相对丰度/%	GenBank 中已知的菌种	登录号	代谢基质	门分类
		相似度/%		代谢产物	属分类
OTU_1	21.91	食纤维梭菌	KF528156.1	纤维素、木聚糖、果胶、纤维二糖、葡萄糖、麦芽糖	厚壁菌门
		99		H_2、CO_2、乙酸、丁酸、甲酸、乳酸	梭状芽孢杆菌属
OTU_2	21.25	原油地孢子杆菌	NR_137408.1	葡萄糖、果糖、麦芽糖、木糖、山梨醇、纤维二糖	厚壁菌门
		99		乙酸、CO_2	地孢子杆菌属
OTU_3	7.01	*Turicibacter sanguinis*	HQ646364.1	麦芽糖、5-酮基葡萄糖酸	厚壁菌门
		99		乳酸	苏黎世杆菌属
OTU_555	6.73	*Clostridium saudii*①	NR_144696.1	纤维素、半纤维素、半乳糖、葡萄糖、阿拉伯糖[176]	厚壁菌门
		99		乙酸、丁酸、乳酸	梭状芽孢杆菌属
OTU_318	5.97	*Romboutsia timonensis*	NR_144740.1	蔗糖、葡萄糖、果糖、麦芽糖、核糖、阿拉伯糖	厚壁菌门
		99		乙酸、甲酸、乳酸、H_2、CO_2	罗姆布茨菌属
OTU_4	3.91	解没食子酸链球菌	KT835017.1	蛋白质、纤维二糖、果糖、半乳糖、葡萄糖、乳糖	厚壁菌门
		100		乳酸	链球菌属
OTU_5	1.52	丁酸梭菌	CP013239.1	甘油、葡萄糖、蔗糖、纤维二糖、淀粉	厚壁菌门
		100		丙二醇、丁酸、乙酸、甲酸、H_2、CO_2	梭状芽孢杆菌属
OTU_6	1.15	*Ruminococcus gauvreauii*	NR_044265.1	葡萄糖、半乳糖、果糖、核糖、山梨醇、甘露糖醇	厚壁菌门
		96		乙酸	瘤胃球菌属
OTU_7	1.03	*Bacteroides graminisolvens*②	KT321286.1	木聚糖、阿拉伯糖、木糖、葡萄糖、甘露糖[177]	拟杆菌门
		100		乙酸、丙酸、琥珀酸	拟杆菌属
OTU_1141	1.03	丁酸梭菌	CP013239.1	甘油、葡萄糖、蔗糖、纤维二糖、淀粉	厚壁菌门
		100		丙二醇、丁酸、乙酸、甲酸、H_2、CO_2	梭状芽孢杆菌属

续表

OTU	平均相对丰度/%	GenBank中已知的菌种	登录号	代谢基质	门分类
		相似度/%		代谢产物	属分类
OTU_10	0.97	*Cellulosilyticum lentocellum*③	NR_074536.1	纤维素、纤维二糖、木聚糖、木糖、麦芽糖[178]	厚壁菌门
		98		甲酸、乙酸、CO_2	解纤维素菌属
OTU_16	0.96	新型瘤胃纤维分解细菌	NR_029239.2	纤维素、纤维二糖、蔗糖、果糖、葡萄糖、木糖	厚壁菌门
		99		乙酸、丁酸、乙醇、H_2	梭状芽孢杆菌属
OTU_8	0.88	氶海汤飞凡菌	NR_134211.1	淀粉、吐温-80、阿拉伯糖、核糖、木糖、果糖	拟杆菌门
		87		挥发性脂肪酸	*Tangfeifania*
OTU_13	0.81	拉瓦氏梭菌(*Clostridium lavalense*)	EF564278.1	葡萄糖、半乳糖、果糖、乳糖、麦芽糖、甘露糖[179]	厚壁菌门
		98		乙酸、乳酸、富马酸	梭状芽孢杆菌属
OTU_9	0.78	沉积物生物孙秀琴菌(*Sunxiuqinia faeciviva*)	NR_108114.1	酵母提取物、胰蛋白胨、酪蛋白、酪氨酸[180]	拟杆菌门
		89		挥发性脂肪酸	孙秀芹氏菌属
OTU_11	0.66	*Atopostipes suicloacalis*	NR_028835.1	杏仁苷、纤维二糖、七叶苷、葡萄糖、乳糖、麦芽糖	厚壁菌门
		98		乳酸、乙酸、甲酸	*Atopostipes*
OTU_22	0.64	罗伊氏乳杆菌	KP317691.1	阿拉伯糖、核糖、木糖、半乳糖、果糖、乳糖	厚壁菌门
		100		乳酸	乳杆菌属
OTU_15	0.62	*Saccharicrinis marinus*	NR_137404.1	琼脂、七叶素、纤维二糖、麦芽糖、乳糖、亚胺	拟杆菌门
		87		挥发性脂肪酸	*Saccharicrinis*
OTU_17	0.52	*Cloacibacillus porcorum*	CP016757.1	氨基酸、黏蛋白	互养菌门
		93		乙酸、丙酸、甲酸	*Cloacibacillus*
OTU_14	0.52	食淀粉乳杆菌	KX851524.1	杏仁苷、纤维二糖、七叶苷、果糖、半乳糖、葡萄糖	厚壁菌门
		100		乳酸	乳酸杆菌属
OTU_1797	0.49	*Anaerosporobacter mobilis*④	AY534872.2	阿拉伯糖、纤维二糖、纤维素、果糖、半乳糖[181]	厚壁菌门
		96		甲酸、乙酸、H_2	厌氧杆菌属
OTU_32	0.48	*Clostridium moniliforme*⑤	KY079341.1	蛋白胨、精氨酸、可发酵的碳水化合物[182]	厚壁菌门
		99		H_2、乙酸、丁酸、乳酸、丁醇、NH_3	梭状芽孢杆菌属
OTU_933	0.46	*Cloacibacillus porcorum*	CP016757.1	氨基酸、黏蛋白	互养菌门
		93		乙酸、丙酸、甲酸	*Cloacibacillus*
OTU_20	0.42	沉积物粉色海生菌(*Roseimarinus sediminis*)	NR_136488.1	阿拉伯糖、七叶素、5-酮基葡萄糖酸[183]	拟杆菌门
		92		挥发性脂肪酸	*Roseimarinus*⑥

续表

OTU	平均相对丰度/%	GenBank中已知的菌种	登录号	代谢基质	门分类
		相似度/%		代谢产物	属分类
OTU_50	0.40	*Sedimentibacter saalensis*	NR_025498.1	丙酮酸、DDT	厚壁菌门
		96		乙酸、丁酸、丙酸、乳酸盐、异丁酸、异戊酸	*Sedimentibacter*
OTU_1665	0.37	*Saccharicrinis marinus*	NR_137404.1	琼脂、七叶素、纤维二糖、麦芽糖、乳糖、亚胺	拟杆菌门
		87		挥发性脂肪酸	*Saccharicrinis*
OTU_1050	0.36	*Atopostipes suicloacalis*	NR_028835.1	纤维二糖、葡萄糖、乳糖、麦芽糖、甘露糖、棉子糖	厚壁菌门
		98		乳酸、乙酸、甲酸	*Atopostipes*
OTU_28	0.35	淤泥假单胞菌	KX354320.1	脂肪、癸酸、苹果酸	变形菌门
		100		挥发性脂肪酸	假单胞菌属
OTU_25	0.34	*Caloramator australicus*	HM228392.1	葡萄糖、果糖、半乳糖、木糖、麦芽糖、蔗糖	厚壁菌门
		86		乙醇、乙酸	*Caloramator*
OTU_23	0.32	快生梭菌(*Clostridium celerecrescens*)	KF739409.1	纤维素、果糖、麦芽糖、鼠李糖、乳糖、葡萄糖[184]	厚壁菌门
		98		乙醇、乙酸、甲酸、丁酸、乳酸、琥珀酸、H_2、CO_2	梭状芽孢杆菌属
OTU_47	0.31	玢海汤飞凡菌	NR_134211.1	淀粉、吐温-80、阿拉伯糖、核糖、木糖、果糖	拟杆菌门
		88		挥发性脂肪酸	*Tangfeifania*
OTU_19	0.31	*Sedimentibacter saalensis*	NR_025498.1	丙酮酸、氨基酸	厚壁菌门
		98		乙酸、丁酸	*Sedimentibacter*
OTU_18	0.29	*Peptostreptococcus russellii*⑦	KX826951.1	蛋白胨、氨基酸[185]	厚壁菌门
		100		乙酸、丁酸、异丁酸、己酸和异己酸	消化链球菌属
OTU_27	0.29	*Anaerosporobacter mobilis*	AY534872.2	阿拉伯糖、纤维二糖、纤维素、果糖、半乳糖	厚壁菌门
		97		甲酸、乙酸、H_2	厌氧杆菌属
OTU_29	0.29	栖瘤胃解纤维素菌(*Cellulosilyticum ruminicola*)	NR_116001.1	纤维素、半纤维素、葡萄糖、纤维二糖[186]	厚壁菌门
		96		挥发性脂肪酸	解纤维素菌属
OTU_21	0.29	产乙酸糖发酵菌(*Saccharofermentans acetigenes*)	AB910750.1	己糖、多糖、醇类	厚壁菌门
		98		乙酸、乳酸、富马酸	糖发酵菌属

①～⑦ 目前无中文名称。

由表3.17可知，这36个OTU的平均相对丰度合计85.44%，有26个属于厚壁菌门，有7个属于拟杆菌门，有2个属于互养菌门，有1个属于变形菌门。从比对结果来看，有9个OTU能比对到种水平（相似性为100%），有8个OTU与所比对的种高度相似（相似性为99%），其余22个OTU与所比对种的相似性在86%～98%

之间。OTU_1（与食纤维梭菌相似性为99%）的平均相对丰度最高，由于该菌种同时具有水解纤维素和半纤维素以及发酵可溶性糖类产酸的功能，并且平均相对丰度排名第二的OTU_2（与原油地孢子杆菌相似性为99%）以及排名第三至第五的OTU也具有发酵可溶性糖类产酸的功能，表明B系统中占绝对优势的细菌类群属于碳水化合物的水解发酵性细菌。OTU_4（与解没食子酸链球菌相似性为100%）属于蛋白质分解菌，其相对丰度排名第六，表明蛋白质的水解发酵性细菌是B系统中的第二大类优势细菌类群。

3.2.1.3　4℃至9℃低温沼气发酵系统

（1）测序数据及Alpha多样性

表3.18为C系统细菌测序数据的结果统计。由该表可知，C系统不同发酵时期样品的细菌测序平均获得44987条有效数据。结合稀释曲线（图3.13），当有效数据达到29602条时，稀释曲线趋向平稳，表明本次测序获得的数据量合理，具有较充分的测序深度，可较准确地反映C系统中大部分的细菌类群信息。不同发酵时期有效数据的平均长度和GC碱基对含量的差异不大。

表3.18　C系统的细菌测序数据统计

样品名称	有效数据/条	平均长度/bp	GC含量/%
C0	48936	415	51.99
C10	50818	415	52.11
C20	45587	415	51.93
C30	50585	417	51.80
C40	44871	416	51.84
C50	45164	417	51.71
C60	51556	413	52.15
C70	41899	410	52.19
C80	45149	417	51.67
C90	47838	415	51.77
C100	42894	414	52.01
C110	40389	412	52.22
C120	45498	419	51.37
C130	44843	417	51.71
C140	40571	418	51.66
C150	30191	416	51.89
C160	47990	417	51.52

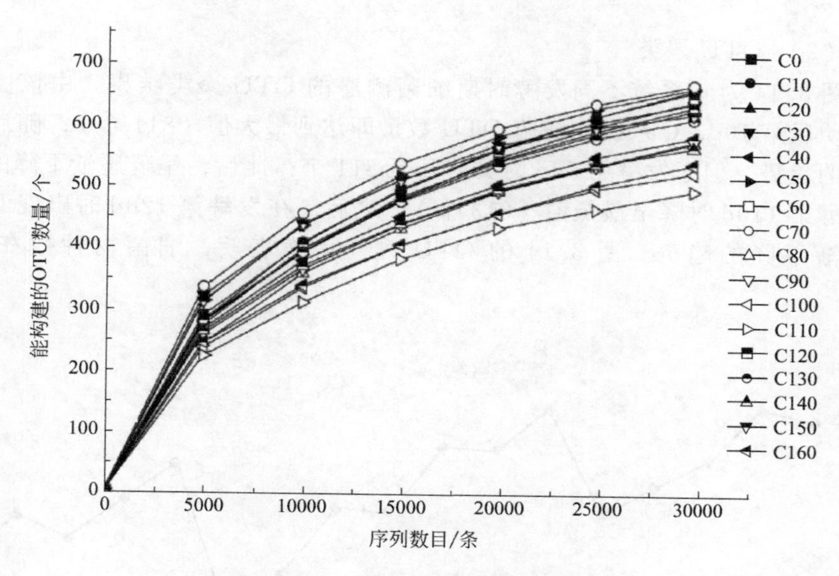

图 3.13　C 系统细菌测序的稀释曲线

表 3.19 为 C 系统细菌测序的阿尔法多样性指数。由该表可知，香农指数的平均值为 4.28，辛普森指数的平均值为 0.84，表明 C 系统细菌群落的多样性较高。Chao1 指数的变化范围为 604.25～919.54，ACE 指数的变化范围为 637.13～944.34，表明 C 系统细菌群落的丰度较高。不同发酵时期样品的覆盖度指数都大于 99%，表明高通量测序结果能准确地反映各样品的真实细菌群落情况。

表 3.19　C 系统细菌测序的阿尔法（Alpha）多样性指数

样品名称	香农指数	辛普森指数	Chao1 指数	ACE 指数	覆盖度/%
C0	4.52	0.87	919.54	933.74	99.20
C10	4.18	0.85	907.00	944.34	99.20
C20	4.31	0.86	873.66	885.72	99.20
C30	4.47	0.84	796.64	799.63	99.40
C40	4.14	0.83	699.80	743.45	99.40
C50	4.55	0.85	821.02	854.39	99.30
C60	4.39	0.87	851.55	885.12	99.20
C70	5.01	0.90	753.74	794.41	99.50
C80	3.88	0.79	708.84	782.92	99.40
C90	4.24	0.85	800.09	789.83	99.30
C100	3.81	0.82	610.82	657.75	99.50
C110	3.82	0.83	604.25	637.13	99.50
C120	4.55	0.85	837.91	854.17	99.30
C130	4.33	0.84	715.47	778.25	99.40
C140	3.93	0.78	664.10	709.07	99.50
C150	4.52	0.85	652.33	686.94	99.60
C160	4.07	0.83	735.16	744.15	99.40

（2） OTU 聚类

图 3.14 为 C 系统不同发酵时期细菌测序的 OTU 聚类结果。由该图可知，发酵启动后第 10d，C 系统的细菌 OTU 数量即达到最大值（811 个）；随后呈现逐渐下降的趋势，但于发酵第 50d 时又回升至 811 个；此后，呈现逐渐下降的趋势，并于发酵第 110d 时降至最低值（613 个）；之后，在发酵第 120d 时出现回升后又呈现逐渐下降的趋势。图 3.14 的 OTU 时间动态表明，细菌物种数在发酵初期较高。

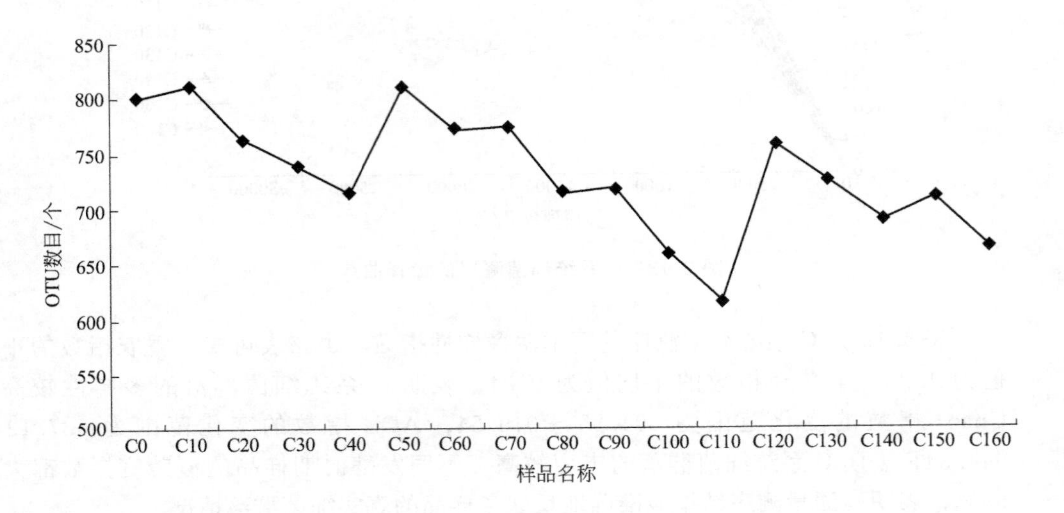

图 3.14　C 系统不同发酵时期细菌测序的 OTU 聚类统计

（3）物种注释

① 门分类水平

表 3.20 为 C 系统中平均丰度排名前 10 位的细菌门随发酵时间的丰度变化。由该表可知，平均相对丰度大于 1%的厚壁菌门、变形菌门、拟杆菌门、互养菌门及螺旋体门等细菌门的丰度之和为 98.79%，表明这五类细菌为 C 系统的优势细菌类群。发酵启动后，随着厌氧环境的形成，第一优势细菌门厚壁菌门的相对丰度呈现逐渐下降的趋势，至发酵第 30d 时已由启动时的 65.85%降至 50%以下；到发酵第 40d 开始迅速回升，并在发酵第 70d 超过 80%，达最高峰；随后，呈现逐渐下降的趋势，在发酵末期维持在 40%～50%之间。第二优势细菌门变形菌门的相对丰度在发酵启动后呈现逐渐上升的趋势，但到发酵第 60d 又迅速降低，至发酵第 70d 时已降至最低值；随后呈现快速上升的趋势，并最终保持 35%上下的丰度；变形菌门相对丰度的时间动态表明，该门细菌在发酵过程中出现较剧烈的群落演替现象。发酵启动后，第三优势细菌门拟杆菌门的相对丰度呈现波动上升的趋势，并在发酵第 70d 和 120d 时出现两个高峰。互养菌门和螺旋体门的相对丰度变化大体一致，丰度先是逐渐升高至峰值，然后逐渐下降，在发酵末期的相对丰度基本都在 1%以上。

表 3.20　C 系统细菌门水平上的物种相对丰度

单位：%

门名	C0	C10	C20	C30	C40	C50	C60	C70	C80	C90	C100	C110	C120	C130	C140	C150	C160	平均值
厚壁菌门	65.85	63.42	58.83	48.08	53.19	49.10	67.64	80.20	46.35	54.60	58.21	67.67	38.92	47.29	42.82	51.43	47.50	55.36
变形菌门	29.26	31.23	31.85	38.86	38.73	37.88	22.82	2.34	42.39	33.14	33.77	24.48	37.56	37.16	44.82	34.92	36.23	32.79
拟杆菌门	3.42	3.85	7.27	9.01	5.94	8.97	7.37	13.47	8.57	9.26	5.52	5.55	15.32	10.03	8.10	8.09	12.72	8.38
互养菌门	0.47	0.67	0.89	1.25	1.06	1.36	0.80	2.84	1.06	0.99	0.90	0.79	1.09	1.40	1.25	1.73	1.14	1.16
螺旋体门	0.06	0.10	0.16	0.89	0.16	0.58	0.22	0.11	0.48	0.50	0.98	0.96	5.04	2.83	2.13	2.24	1.35	1.10
阴沟单胞菌门	0.07	0.05	0.17	0.71	0.27	0.91	0.49	0.10	0.64	0.81	0.11	0.10	0.76	0.44	0.23	0.39	0.39	0.39
放线菌门	0.66	0.47	0.44	0.56	0.33	0.42	0.36	0.40	0.28	0.27	0.26	0.23	0.26	0.25	0.18	0.38	0.18	0.35
软壁菌门	0.02	0.05	0.05	0.15	0.07	0.32	0.06	0.01	0.07	0.16	0.07	0.07	0.53	0.25	0.13	0.28	0.20	0.15
糖细菌门(*Saccharibacteria*)	0.02	0.04	0.08	0.04	0.13	0.15	0.06	0.01	0.01	0.10	0.06	0.04	0.17	0.18	0.13	0.19	0.10	0.09
绿弯菌门	0.07	0.06	0.09	0.12	0.05	0.09	0.06	0.19	0.05	0.04	0.04	0.02	0.10	0.05	0.03	0.08	0.06	0.07
其他细菌门	0.10	0.07	0.17	0.35	0.08	0.21	0.11	0.33	0.09	0.13	0.09	0.10	0.27	0.13	0.18	0.27	0.12	0.16

表 3.21 C 系统细菌属水平上的物种相对丰度

单位：%

属名	C0	C10	C20	C30	C40	C50	C60	C70	C80	C90	C100	C110	C120	C130	C140	C150	C160	平均值
假单胞菌属	25.75	27.77	28.71	35.55	35.99	33.99	20.11	0.91	40.53	31.17	32.16	22.87	35.04	34.84	43.17	32.77	35.16	30.38
梭状芽孢杆菌属	28.37	30.67	28.44	23.83	24.53	20.90	34.86	31.48	24.92	26.43	30.01	36.76	15.91	21.72	19.21	21.36	23.93	26.08
地孢子杆菌属	11.29	12.60	10.14	6.18	9.82	7.82	11.98	18.24	6.76	10.53	13.48	16.15	7.11	8.90	8.32	10.83	9.02	10.54
Sedimentibacter	1.13	1.23	2.39	2.43	3.15	3.86	3.10	0.90	2.43	4.01	3.14	2.88	4.17	4.00	3.80	3.28	3.45	2.90
Petrimonas	1.15	1.45	3.63	3.77	2.62	3.65	3.49	0.40	3.99	3.62	1.51	0.96	3.24	2.31	2.11	2.36	4.36	2.62
链球菌属	3.82	3.56	3.80	2.01	1.92	2.18	2.82	2.98	1.68	1.38	1.14	1.14	1.12	1.08	0.77	1.33	0.67	1.96
苏黎世杆菌属	1.50	1.89	1.88	1.81	1.63	1.64	1.87	4.86	1.34	1.36	1.35	1.53	1.15	1.40	1.31	2.14	1.37	1.77
小陌生菌属(*Advenella*)	2.35	2.49	2.38	1.54	2.11	2.89	1.91	0.12	1.26	1.46	1.13	1.03	1.78	1.56	1.00	1.09	0.53	1.57
嗜蛋白质菌属	0.62	0.79	1.73	2.13	1.16	2.16	1.68	0.28	2.23	2.05	0.72	0.60	2.07	1.30	1.05	1.47	2.25	1.43
*Christensenellaceae*_*R*-7_group	0.94	1.08	1.28	1.40	1.11	1.38	1.68	1.13	1.18	1.31	0.75	0.98	0.81	0.73	0.72	1.07	1.03	1.09
乳酸杆菌属	2.80	1.92	1.79	0.85	1.07	1.38	1.48	1.54	0.67	0.72	0.38	0.34	0.35	0.30	0.23	0.43	0.18	0.97
*vadinBC*27 wastewater-sludge group	0.57	0.59	0.65	1.31	0.91	1.31	0.61	1.83	1.06	1.13	0.26	0.27	1.17	0.71	0.72	0.80	0.70	0.86
unidentified *Synergistaceae*	0.24	0.41	0.56	0.75	0.71	0.82	0.45	2.61	0.68	0.66	0.57	0.43	0.60	0.80	0.87	1.05	0.69	0.76
拟杆菌属	0.53	0.48	0.47	0.56	0.50	0.53	0.26	6.14	0.35	0.34	0.19	0.08	0.36	0.25	0.20	0.25	0.18	0.69
鳞球菌属	0.03	0.05	0.09	0.65	0.10	0.38	0.13	0.02	0.33	0.24	0.58	0.58	2.62	1.72	1.53	1.61	0.62	0.66
瘤胃梭菌属	0.10	0.14	0.17	0.76	0.41	0.46	0.55	0.73	0.57	0.81	0.72	0.60	1.04	1.06	0.86	0.75	0.68	0.61
螺旋体属	0.03	0.04	0.06	0.21	0.05	0.19	0.09	0.08	0.14	0.26	0.39	0.37	2.41	1.11	0.61	0.63	0.73	0.43
组织菌属	1.94	0.69	0.48	0.31	0.32	0.38	0.30	0.08	0.18	0.24	0.16	0.20	0.13	0.23	0.16	0.16	0.14	0.36
Fastidiosipila	0.31	0.32	0.32	0.46	0.38	0.36	0.42	0.32	0.36	0.30	0.29	0.31	0.31	0.35	0.27	0.40	0.29	0.34
瘤胃球菌属	0.16	0.20	0.20	0.46	0.41	0.48	0.35	0.36	0.27	0.32	0.23	0.21	0.36	0.31	0.25	0.55	0.20	0.31
其他细菌属	16.38	11.64	10.82	13.04	11.11	13.25	11.86	24.97	9.09	11.65	10.84	11.71	18.25	15.30	12.85	15.68	13.82	13.66

② 属分类水平

表3.21为C系统中平均相对丰度排名前20位的细菌属。在这些细菌属中，有11个属于厚壁菌门，有2个属于变形菌门，有4个属于拟杆菌门，有1个属于互养菌门，有2个属于螺旋体门。其中，假单胞菌属、梭状芽孢杆菌属和地孢子杆菌属的相对丰度合计67%，为主要的优势细菌属。

第一优势细菌属为假单胞菌属，具分解蛋白质的能力甚强，同时该细菌属在厌氧条件下能参与反硝化作用（脱氮作用），将硝酸盐和亚硝酸盐中的氮还原为N_2。发酵启动后，假单胞菌属的相对丰度呈现逐渐上升的趋势，并在发酵第30～50d时达到第一个高峰，这是由于该细菌属参与了发酵料液中蛋白质的分解代谢，以及反硝化作用，导致其大量活动。随后相对丰度迅速下降，至发酵第70d时已降至最低值，此后相对丰度开始迅速回升，基本都保持在35%上下的水平，并且在发酵第140d时达到最高峰（43.17%）。

第二优势细菌属为梭状芽孢杆菌属。发酵启动后至第50d，梭状芽孢杆菌属的相对丰度呈现逐渐下降的趋势，但均保持在20%以上的较高丰度水平，这是由于该属细菌将发酵原料中大分子有机基质的水解产物进一步进行发酵产酸代谢；随后，相对丰度在发酵第60d时回升至第一个高峰（34.86%），这是由于该属细菌在发酵第60d左右时对发酵料液中的半纤维素进行了分解；在发酵第70～100d时相对丰度基本都保持在25%以上；接着在发酵第110d时达到第二个高峰（36.76%），这是由于该属细菌参与了发酵原料中纤维素的分解；相对丰度在发酵末期基本都维持在20%上下。

第三优势细菌属为地孢子杆菌属。发酵启动后地孢子杆菌属的相对丰度呈现逐渐下降的趋势，但均保持在6%以上，这是由于该属细菌有效利用了发酵料液中的水解产物；随后，相对丰度呈现逐渐上升的趋势，并在发酵第70d时达到最高峰（18.24%），这是由于该属细菌利用了梭状芽孢杆菌属水解半纤维素产生的葡萄糖等可溶性单糖，进行发酵产酸作用；然后在发酵第110d达到第二个高峰，这是由于该属细菌利用了纤维素的水解产物。相对丰度在发酵末期基本都保持在8%以上。

第四优势细菌属为*Sedimentibacter*。*Sedimentibacter*，其相对丰度在发酵启动后一直呈现逐渐上升的趋势，并在发酵第50d时达到第一个高峰（3.86%），这是由于该属细菌利用第一优势细菌属假单胞菌属水解蛋白质产生的氨基酸进行后续的发酵产酸代谢；随后，呈现快速下降的趋势，并在发酵第70d时降至1%以下；此后，开始迅速回升，相对丰度基本都保持在3%～4.5%之间，并在发酵第120d时达最高峰（4.17%），原因可能是*Sedimentibacter*参与了难降解有机污染物（如多氯联苯、六氯环己烷）在发酵末期的生物降解。

第五优势细菌属为*Petrimonas*。发酵启动后，*Petrimonas*的相对丰度总体上呈逐渐上升的趋势，这是由于该属细菌有效发挥其发酵可溶性糖类并产酸的功能。其相对丰度的最高峰出现在发酵第160d（4.36%），推测该属细菌参与了发酵末期难降解有机污染物的生物代谢。

第六优势细菌属为链球菌属。该属细菌在发酵初期处于代谢高峰期，发酵第0～20d的相对丰度都大于3.5%，这是由于该属细菌参与蛋白质在发酵初期的水解代谢；随后，相对丰度呈现逐渐下降的趋势，之后又迅速回升，并在发酵第50～70d达到第二高峰，这是由于该属细菌参与了蛋白质水解产物氨基酸的发酵产酸代谢；此后，相对丰度呈现逐渐下降的趋势。

第七优势细菌属为苏黎世杆菌属。发酵启动后至第60d，该属细菌的相对丰度均在1%～2%之间，表明该属细菌在这段时期内稳定发挥着发酵单糖产酸的代谢功能；随后在发酵第70d时迅速升至最高峰（4.86%），这是由于该属细菌利用了半纤维素的水解产物；此后，相对丰度在发酵第80～160d内基本都处于1%～2%之间。

第八优势细菌属为小陌生菌属［变形菌门/β-变形菌纲（Betaproteobacteria）/伯克氏菌目（Burkholderiales）/产碱杆菌科（Alcaligenaceae）］。该属具有发酵葡萄糖、氨基酸的作用，并能参与反硝化作用，可将亚硝酸盐中的氮还原为N_2[187]。小陌生菌属的相对丰度在发酵第0～60d处于高峰，并在发酵第50d时达到最高峰（2.89%），这是由于该属细菌进行了氨基酸的代谢；随后，相对丰度迅速下降，在发酵第70d下降至最低值；紧接着在发酵第80d开始出现回升的趋势，并基本保持在1%以上，这是由于该属细菌参与了反硝化作用的过程。

第九优势细菌属为嗜蛋白质菌属。发酵启动后，该属细菌的相对丰度呈现逐渐上升的趋势，并在发酵第20～60d保持在1%～2.5%之间，这是由于该属细菌参与了蛋白质的水解代谢以及氨基酸的发酵产酸过程；随后在发酵第70d时下降至最低值；接着又迅速回升，并在发酵末期达到最高峰（2.25%），推测该属细菌在发酵末期促进了多环芳烃等难降解有机污染物的代谢。

第十优势细菌属为*Christensenellaceae*_R-7_group。发酵启动后，该属细菌的相对丰度呈现逐渐上升的趋势，达到顶峰后开始逐渐下降，整个发酵过程的相对丰度在0.72%～1.68%之间变动，表明该属细菌在C系统中平稳地发挥着发酵产酸的功能。

③ OTU水平

将平均相对丰度大于0.5%的19个OTU进行BLAST比对，结果参见表3.22。由该表可知，这19个OTU的平均相对丰度之和为83.12%。其中，有11个OTU属于厚壁菌门，有5个OTU属于拟杆菌门，有2个OTU属于变形菌门，有1个OTU属于互养菌门。从具体的比对结果来看，有4个OTU能成功比对到种分类水平（相似性为100%），有6个OTU与所比对到的种相似性高达99%，其余OTU与所比对到的种相似性在86%～98%之间。第一优势细菌种为OTU_1（与淤泥假单胞菌的相似性为100%），表明反硝化细菌是C系统中最优势的细菌类群。第二优势细菌种为OTU_2（与食纤维梭菌的相似度为99%），表明半纤维素和纤维素等大分子碳水化合物分解菌为C系统中第二优势细菌类群。第三优势细菌种为OTU_3（与原油地孢子杆菌的相似度为99%），表明发酵（可溶性糖类）产酸（有机酸）菌为C系统第三优势细菌类群。

表 3.22 C 系统细菌 OTU 水平上的物种相对丰度

OTU	平均相对丰度/%	GenBank 中已知的菌种 相似度/%	登录号	代谢基质 代谢产物	门分类 属分类
OTU_1	30.00	淤泥假单胞菌 100	KX354320.1	蛋白质、癸酸、苹果酸、硝酸盐、亚硝酸盐 氨基酸、N_2	变形菌门 假单胞菌属
OTU_2	20.36	食纤维梭菌 99	KF528156.1	纤维素、木聚糖、果胶、纤维二糖、葡萄糖、麦芽糖 H_2、CO_2、乙酸、丁酸、甲酸、乳酸	厚壁菌门 梭状芽孢杆菌属
OTU_3	10.54	原油地孢子杆菌 99	NR_137408.1	葡萄糖、果糖、麦芽糖、木糖、山梨醇、纤维二糖 乙酸、CO_2	变形菌门 地孢子杆菌属
OTU_1520	2.89	*Clostridium saudii* 99	NR_144696.1	纤维素、半纤维素、半乳糖、葡萄糖、阿拉伯糖 乙酸、丁酸、乳酸	厚壁菌门 梭状芽孢杆菌属
OTU_657	2.22	*Romboutsia timonensis* 98	NR_144740.1	蔗糖、葡萄糖、果糖、麦芽糖、核糖、阿拉伯糖 乙酸、甲酸、乳酸、H_2、CO_2	厚壁菌门 罗姆布茨菌属
OTU_4	1.95	解没食子酸链球菌 100	KT835017.1	蛋白质、纤维二糖、果糖、半乳糖、葡萄糖、乳糖 乳酸	厚壁菌门 链球菌属
OTU_5	1.77	*Turicibacter sanguinis* 99	HQ646364.1	麦芽糖、5-酮基葡萄糖酸 乳酸	厚壁菌门 苏黎世杆菌属
OTU_10	1.58	*Petrimonas sulfuriphila*① 93	KT183420.1	葡萄糖、阿拉伯糖、麦芽糖、纤维二糖、甘油 乙酸、H_2、CO_2	拟杆菌门 *Petrimona*
OTU_8	1.57	*Sedimentibacter saalensis* 96	NR_025498.1	丙酮酸、DDT 乙酸、丁酸、丙酸、乳酸盐、异丁酸、异戊酸	厚壁菌门 *Sedimentibacter*
OTU_6	1.54	*Advenella kashmirensis* 99	KF528154.1	亚硝酸盐、棉籽糖、淀粉、多环芳烃[188] N_2、挥发性脂肪酸	变形菌门 小陌生菌属
OTU_7	1.41	*Alkaliflexus imshenetskii* 93	NR_117198.1	纤维二糖、木糖、麦芽糖、木聚糖、淀粉、果胶 丙酸、乙酸、琥珀酸	拟杆菌门 *Alkaliflexus*
OTU_9	1.24	*Clostridium moniliforme* 99	KY079341.1	蛋白胨、精氨酸、可发酵的碳水化合物 H_2、乙酸、丁酸、乳酸、丁醇、NH_3	厚壁菌门 梭状芽孢杆菌属
OTU_930	1.11	*Sedimentibacter saalensis* 98	NR_025498.1	丙酮酸、DDT 乙酸、丁酸、丙酸、乳酸盐、异丁酸、异戊酸	厚壁菌门 *Sedimentibacter*
OTU_12	1.02	丁酸梭菌 100	CP013239.1	甘油、葡萄糖、蔗糖、纤维二糖、淀粉 丙二醇、丁酸、乙酸、甲酸、H_2、CO_2	厚壁菌门 梭状芽孢杆菌属

续表

OTU	平均相对丰度/%	GenBank中已知的菌种	登录号	代谢基质	门分类
		相似度/%		代谢产物	属分类
OTU_16	0.94	产乙酸嗜蛋白质菌	NR_043154.1	蛋白质、酵母提取物、蛋白胨、丙酮酸、甘氨酸	拟杆菌门
		95		乙酸、丙酸、NH_3	嗜蛋白质菌属
OTU_11	0.89	*Caloramator australicus*	HM228392.1	葡萄糖、果糖、半乳糖、纤维二糖、纤维素、木聚糖	厚壁菌门
		86		乙醇、乙酸	*Caloramator*
OTU_14	0.84	*Petrimonas sulfuriphila*	KT183420.1	葡萄糖、阿拉伯糖、麦芽糖、纤维二糖、甘油	拟杆菌门
		94		乙酸、H_2、CO_2	*Petrimona*
OTU_13	0.63	*Sphingobacterium thermophilum*②	NR_108120.1	甘油、葡萄糖、纤维二糖、麦芽糖、蔗糖、淀粉[189]	拟杆菌门
		87		—	鞘氨醇杆菌属(*Sphingobacterium*)
OTU_15	0.59	*Cloacibacillus porcorum*	CP016757.1	氨基酸、黏蛋白	互养菌门
		93		乙酸、丙酸、甲酸	*Cloacibacillus*

①② 目前无中文名称

3.2.2 古菌群落结构与多样性的研究

3.2.2.1 15℃至9℃低温沼气发酵系统

（1）测序数据及阿尔法多样性

表3.23为A系统中古菌测序数据统计结果。由表3.23可知，A系统不同发酵时期的古菌测序所获得的有效数据在42207～59519条之间，平均获得50267条。图3.15为稀释曲线图，从该图可知，当测序数据量达到37012条时，曲线趋向平坦，表明测序数据量合理，测序深度充分，因而可以反映A系统中绝大多数的古菌信息。而且，不同发酵时期样品的有效数据平均长度之间以及GC含量之间的差异较小。

表3.23 A系统的古菌测序数据统计

样品名称	有效数据/条	平均长度/bp	GC含量/%
A0	43078	384	53.74
A10	42868	384	54.92
A20	53894	383	53.39
A30	42207	383	53.46
A40	49939	383	53.33
A50	59519	383	53.37
A60	57065	382	53.32

续表

样品名称	有效数据/条	平均长度/bp	GC含量/%
A70	58310	384	53.91
A80	45593	383	53.31
A90	54720	382	53.07
A100	52884	383	53.98
A110	50437	382	53.42
A120	42956	382	52.68

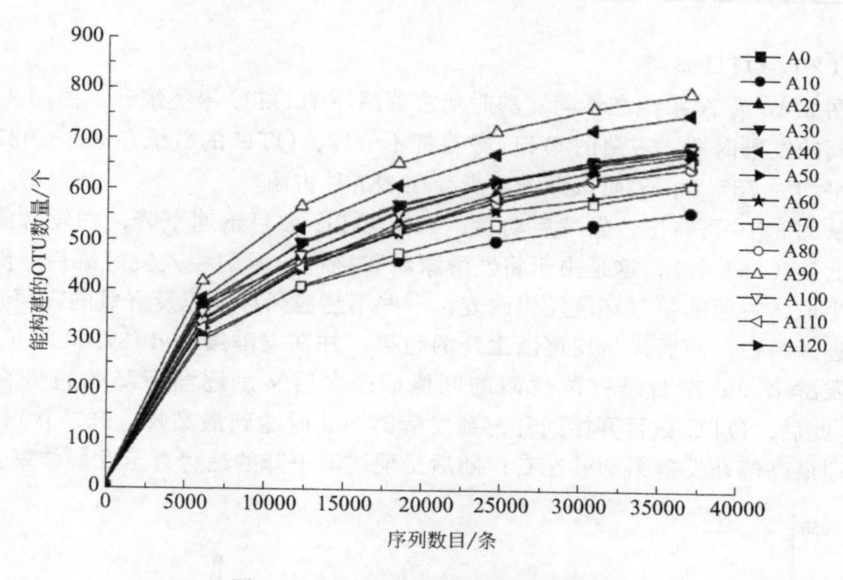

图 3.15　A系统古菌测序的稀释曲线

表3.24为不同样品在97%一致性阈值下的阿尔法多样性指数。由表3.24可知，A系统不同发酵时期古菌群落的香农指数在4.76～6.55之间（平均5.30），辛普森指数都小于1，表明该系统的古菌群落多样性较高。Chao1指数平均为794.10，ACE指数平均为806.62，表明古菌群落丰度较高。覆盖度平均为99.55%，表明测序结果能准确地代表各样本的真实情况。

表3.24　A系统古菌测序的阿尔法多样性指数

样品名称	香农指数	辛普森指数	Chao1指数	ACE指数	覆盖度/%
A0	4.96	0.92	782.53	800.94	99.60
A10	5.18	0.90	654.82	650.67	99.70
A20	5.06	0.93	781.47	832.90	99.50
A30	5.13	0.93	765.47	781.23	99.60
A40	5.21	0.93	844.92	887.97	99.50
A50	5.18	0.94	949.56	882.78	99.40

续表

样品名称	香农指数	辛普森指数	Chao1 指数	ACE 指数	覆盖度/%
A60	6.55	0.97	830.90	784.09	99.60
A70	4.76	0.92	775.71	777.12	99.50
A80	5.17	0.93	731.71	756.21	99.60
A90	5.81	0.95	883.00	928.78	99.50
A100	5.20	0.93	782.31	825.04	99.60
A110	5.21	0.93	788.80	812.32	99.50
A120	5.53	0.94	752.05	766.04	99.60

（2） OTU 聚类

图 3.16 为 A 系统在不同发酵时期古菌测序的 OTU 聚类统计。由图 3.16 可知，在不同的发酵时期，古菌的 OTU 数目都不一样，OTU 的数量在 652～927 个之间变动，平均为 787 个，表明该系统至少存在 787 种古菌。

从图 3.16 可看出，发酵启动后，古菌 OTU 数目迅速下降，在发酵第 10d 时降至最低谷（652 个），这是由于将发酵原料和接种物混匀装入发酵罐后，随着厌氧环境的生成，古菌的生存环境发生改变，一些不适应新环境以及好氧的古菌开始停止生长并逐渐消亡。随后，呈现逐渐上升的趋势，并在发酵第 40d 达小高峰（867 个），表明发酵第 40d 左右是古菌代谢的旺盛期；之后又呈逐渐下降的趋势直至发酵第 60d；此后，OTU 数目开始回升，到发酵第 90d 时达到最高峰（927 个），表明古菌的代谢最高峰在发酵第 90d 左右；随后呈现逐渐下降的趋势直至发酵结束。

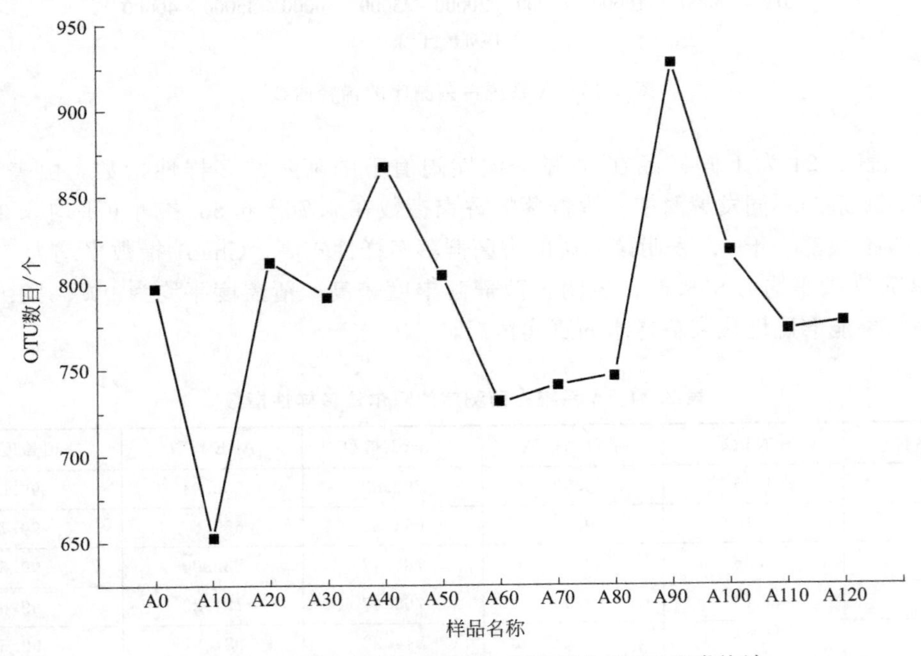

图 3.16　A 系统不同发酵时期古菌测序的 OTU 聚类统计

（3）物种注释

① 门分类水平

根据物种注释结果，选取不同发酵时期样品在门分类水平上平均丰度排名前 8 的物种，生成门分类水平相对丰度时间动态表，见表 3.25。

表 3.25 A 系统古菌门水平上的物种相对丰度

单位：%

门名	A0	A10	A20	A30	A40	A50	A60	A70	A80	A90	A100	A110	A120	平均值
深古菌门(Bathyarchaeota)	43.66	5.09	39.53	38.87	38.09	38.54	11.92	50.13	44.94	21.87	48.61	30.27	35.10	34.35
广古菌门(Euryarchaeota)	31.15	6.19	20.57	15.81	14.18	18.44	8.33	21.19	14.60	13.19	15.44	7.15	12.85	15.31
奇古菌门(Thaumarchaeota)	0.80	61.51	0.54	0.79	0.78	0.46	21.15	0.40	0.57	0.69	0.47	0.31	0.31	6.83
沃斯古菌门(Woesearchaeota)	6.50	0.65	3.78	3.57	2.06	4.87	4.70	4.08	4.17	4.74	2.59	6.00	6.06	4.14
谜古菌门(Aenigmarchaeota)	0.15	0.01	0.10	0.08	0.12	0.17	0.01	0.08	0.14	0.15	0.19	0.09	0.17	0.11
丙盐古菌门(Diapherotrites)	0.02	0.01	0.01	0.00	0.00	0.00	0.20	0.01	0.02	0.06	0.01	0.00	0.01	0.03
MEG①	0.06	0.02	0.07	0.07	0.10	0.09	0.01	0.04	0.04	0.05	0.05	0.02	0.01	0.05
泉古菌门(Crenarchaeota)	0.02	0.01	0.01	0.02	0.02	0.01	0.00	0.02	0.00	0.03	0.00	0.02	0.01	0.01
其他古菌门	17.65	26.51	35.41	40.78	44.66	37.41	53.69	24.06	35.53	59.21	32.66	56.15	45.48	39.17

① MEG 为 Miscellaneous Euryarchaeotic Group 的缩写，目前无中文名称。

由表 3.25 可知，深古菌门、广古菌门、奇古菌门、沃斯古菌门等为 A 系统的优势古菌门类，这 4 门古菌的平均相对丰度合计 60.63%。

深古菌门是迄今发现的分布最为广泛的一类未培养古菌，是海底深部生物圈微生物中最丰富、最活跃的类群之一，同时也广泛存在于淡水沉积物中[190]；上海交通大学王风平课题组对该古菌进行了系统分类和生理功能研究，这是第一个由中国科学家提议的古菌门分类[191]。深古菌门具有降解芳香族化合物的功能，同时也能降解几丁质、纤维素和蛋白质，也能将乙酸作为能量来源物质[192]；值得关注的是，*Science* 杂志于 2015 年报道了深古菌门的古菌能代谢甲烷，发生甲烷厌氧氧化作用[193]。由表 3.25 可知，发酵启动后的第 10d，深古菌门的相对丰度就降至最低谷（5.09%），这是由于随着厌氧环境的形成，该古菌中不适应厌氧环境的菌群随之停止生长繁殖并逐渐消亡；此后开始快速回升，并在发酵第 20～50d 之间基本保持稳定（38.09%～39.53%），推测深古菌门在这段发酵时期内参与了蛋白质的分解过程以及利用了细菌水解发酵阶段产生的乙酸。随后在发酵第 60d 时，该古菌的相对丰度又迅速下降，接着开始迅速回升，并在发酵第 70d 时达到最高峰（50.13%），推测深古菌门在发酵第 70d 左右时重点参与了半纤维素的降解；随后开始呈现下降的趋势直至发酵第 90d，紧接着又开始出现迅速回升的趋势，并在发酵第 100d 时达到第二个高峰（48.61%），推测深古菌门在发酵第 100d 左右时参加了难降解有机基质纤维素的生物降解；此后开始呈现逐渐下降的趋势，直至发酵结束。

广古菌门生存于众多不同的生态位中，具有类型多样的代谢方式，其包含的古菌类群有产甲烷菌、极端嗜盐菌、硫酸盐还原菌和极端嗜热菌，而在沼气发酵系统中发挥重要代谢作用的是其中的产甲烷菌[194]。由表 3.25 可知，发酵启动后，广古菌门的相对丰度就从启动时的 31.15%迅速下降至发酵第 10d 时的 6.19%；随后相对丰度逐渐回升，并在发酵第 20d 达到第一个高峰；之后相对丰度开始逐渐下降至发酵第 40d 的 14.18%，紧接着在发酵第 50d 达到第二个高峰（18.44%）；此后相对丰度又迅速下降至 8.33%（发酵第 60d），接着在发酵第 70d 时达到最高峰（21.19%）；随后相对丰度呈现逐渐下降的趋势，其中在发酵第 100d 时达到第四个小高峰（15.44%）。广古菌门相对丰度的时间动态表明，该门古菌在整个沼气发酵过程中出现了 4 次代谢高峰期。

奇古菌门广泛分布在土壤、淡水、温泉和活性污泥中，是一类需氧氨氧化古菌，利用 O_2 将 NH_3 氧化为亚硝酸，有学者指出该门古菌的发现改变了氨氧化过程主要由细菌完成的认知[47，195]。由表 3.25 可知，奇古菌门的相对丰度在发酵启动后即从 0.80%迅速上升至 61.51%（发酵第 10d），并达到最高峰，这是由于发酵料液中含有丰富的氨氮，并且在装料过程中带入了空气，导致发酵启动后奇古菌门即利用发酵罐中残留的 O_2 来进行氨氧化代谢，进而促进该门古菌的生长和繁殖。但随着发酵的进行，O_2 不断被消耗，厌氧环境逐渐形成，使该门古菌由于 O_2 的减少而逐渐减弱氨氧化作用，导致获得的能量逐渐减少，并进而停止生长、逐渐消亡。

沃斯古菌门已在海洋环境、土壤、盐湖、热液沉积物、水稻土等生境中被检测到，另外，在市政污水沼气发酵系统中也发现了该门古菌[196]。沃斯古菌门的生理代谢特征目前还不是很清楚，但已有研究发现该门古菌具有同化乙酸盐的能力[197]，并且在氮/磷去除废水处理污泥中占一定地位[196]。由表 3.25 可知，发酵启动后，沃斯古菌门的相对丰度就迅速下降至 0.65%（发酵第 10d）；随后呈现波动上升的趋势，并在发酵第 20d、50d、90d 及 120d 时出现高峰（3.78%、 4.87%、 4.74%、 6.06%）。

② 属分类水平

根据不同发酵时期样品在属水平的物种注释及丰度信息，选取平均丰度排名前 9 的古菌属，其生成物种相对丰度的时间动态，参见表 3.26。由表 3.26 可知，在优势古菌属中，有 7 个属于广古菌门且均为产甲烷菌，有 1 个属于深古菌门，剩下 1 个属于奇古菌门。而平均相对丰度大于 1%的有三个属，分别为深古菌门的未定属 unidentified *Bathyarchaeota*❶、广古菌门的甲烷杆菌属以及奇古菌门的暂定属 *Candidatus Nitrososphaera*❷。

表 3.26 A 系统古菌属水平上的物种相对丰度 单位：%

属名	A0	A10	A20	A30	A40	A50	A60	A70	A80	A90	A100	A110	A120	平均值
unidentified *Bathyarchaeota*	23.43	2.82	18.13	17.89	16.52	16.94	6.08	22.21	18.88	9.58	20.24	11.46	14.27	15.26
甲烷杆菌属	24.32	1.75	17.32	13.41	10.88	15.97	5.89	18.11	11.75	10.62	10.67	4.50	3.22	11.41
Candidatus Nitrososphaera	0.10	9.35	0.08	0.23	0.11	0.06	4.61	0.07	0.08	0.08	0.08	0.06	0.08	1.15

❶ 该古菌属目前无中文名称

❷ 该古菌属目前无中文名称

续表

属名	A0	A10	A20	A30	A40	A50	A60	A70	A80	A90	A100	A110	A120	平均值
甲烷马赛球菌属	0.52	0.14	0.52	0.54	0.55	0.70	0.38	1.25	1.07	0.82	1.23	0.32	0.90	0.69
甲烷短杆菌属	3.63	0.35	1.01	0.38	0.48	0.28	0.09	0.28	0.16	0.15	0.22	0.11	1.27	0.65
甲烷八叠球菌属	0.49	0.69	0.37	0.31	0.61	0.29	0.30	0.45	0.43	0.54	0.85	0.32	1.17	0.52
甲烷粒菌属	0.07	0.66	0.19	0.26	0.35	0.12	0.17	0.11	0.19	0.14	0.49	0.52	1.64	0.38
甲烷球形菌属	0.17	0.01	0.07	0.09	0.12	0.08	0.05	0.12	0.11	0.05	0.17	0.04	0.07	0.09
甲烷鬃菌属	0.04	0.05	0.02	0.01	0.08	0.02	0.00	0.01	0.01	0.01	0.01	0.00	0.77	0.08
其他古菌属	47.23	84.19	62.30	66.89	70.32	65.54	82.43	57.39	67.32	78.02	66.03	82.67	76.61	69.76

第一优势古菌属为 unidentified *Bathyarchaeota*，其相对丰度在发酵启动后的第10d即降至最低谷（2.82%），随后开始迅速回升，并在发酵第20～50d之间稳定在16.52%～18.13%，此后又呈现逐渐下降的趋势直至发酵第60d的6.08%，紧接着在发酵第70d时达到最高峰（22.21%），随后开始下降至9.58%（发酵第90d），接着在发酵第100d时达到第二高峰（20.24%），此后呈现逐渐下降的趋势。由上一节所述深古菌门的功能，结合 unidentified *Bathyarchaeota* 相对丰度的时间动态，推测该属古菌在发酵初期和中期时一方面参与了蛋白质的分解，另一方面利用了乙酸和 CH_4，而发酵末期高峰的出现则是由于参与了纤维素的降解。

第二优势古菌属为甲烷杆菌属（广古菌门/甲烷杆菌纲/甲烷杆菌目/甲烷杆菌科），是主要的氢营养型产甲烷菌[47]，能将（H_2+CO_2）代谢生成 CH_4，表明A系统中 CH_4 的生成途径主要是氢还原二氧化碳。由表3.26可知，甲烷杆菌属的相对丰度分别在发酵第20d、50d、70d时出现高峰（17.32%、15.97%、18.11%），尤以发酵第70d时为最；此后，呈现逐渐下降的趋势，直至发酵结束（3.22%）。该属古菌相对丰度的时间动态表明，氢还原二氧化碳这一甲烷生成作用主要发生在发酵第20d、50d及70d左右，这是由于沼气发酵的水解发酵阶段大量产生 H_2 和 CO_2，为甲烷杆菌属提供了可以直接代谢的基质。

第三优势古菌属为 *Candidatus Nitrososphaera*，其相对丰度在发酵启动后就迅速上升，并在发酵第10d时达到最高峰（9.35%），随后又迅速下降至0.08%（发酵第20d）。结合上一节所述奇古菌门的功能特征以及 *Candidatus Nitrososphaera* 相对丰度的时间动态，表明发酵第10d左右时该系统中存在氨氧化过程，由于该属细菌是消耗 O_2 的，所以其对沼气发酵系统厌氧环境的形成有重要意义。

第四优势古菌属为甲烷马赛球菌属（广古菌门/甲烷马赛球菌纲/甲烷马赛球菌目/甲烷马赛球菌科），该属古菌为甲基营养型产甲烷菌，甲基供体为甲醇、一甲胺、二甲胺及三甲胺，电子供体为 H_2，该属古菌利用 H_2 还原甲基生成 CH_4[47]。由表3.26可知，发酵启动后，甲烷马赛球菌属的相对丰度呈现逐渐上升的趋势，并在发酵第70d达到最高峰（1.25%），之后在发酵第100d时达到第二高峰（1.23%）。该属古菌的相对丰度在发酵中期及末期基本都在1%左右，丰度高于发酵初期；甲烷马赛球菌属相对丰度的时间动态表明，该属古菌的代谢旺盛期主要集中在发酵中期及末期，主要是因为半纤维素和纤维素等碳水化合物的水解发酵产生了供其利用的代谢基质。

第五优势古菌属为甲烷短杆菌属（广古菌门/甲烷杆菌纲/甲烷杆菌目/甲烷杆菌科），主要是氢营养型产甲烷菌，其能量代谢来源于将 CO_2 还原为 CH_4，H_2、甲酸盐及 CO 为电子供体[27]。由表 3.26 可知，在正常沼气发酵过程中，甲烷短杆菌属的相对丰度在发酵第 20d 达到高峰（1.01%），此后呈现逐渐下降的趋势，这是由于发酵初期细菌的水解发酵产物 H_2 和 CO_2 为该属古菌提供了代谢基质；相对丰度的最高峰则出现在发酵第 120d（1.27%），这是由于该属产甲烷菌利用了纤维素在水解发酵过程中产生的 H_2 和 CO_2。

第六优势古菌属为甲烷八叠球菌属（广古菌门/甲烷微菌纲/甲烷八叠球菌目/甲烷八叠球菌科），该古菌属为氢和乙酸营养型产甲烷菌，除乙酸外还可代谢甲醇、一甲胺、二甲胺、三甲胺和 CO，部分种还可代谢（H_2+CO_2）[47]。由表 3.26 可知，甲烷八叠球菌属的相对丰度在发酵启动后呈现波动上升的趋势，先后在发酵第 20d、40d、100d 及 120d 时出现四个高峰（0.69%、0.61%、0.85%、1.17%）；其中，有两个高峰出现在发酵初期，这是由于细菌类群在水解发酵阶段产生了可供甲烷八叠球菌属直接代谢的基质，而有两个高峰出现在了发酵末期并且最高峰的相对丰度超过了 1%，这是因为该属产甲烷菌利用了纤维素的水解发酵产物。

第七优势古菌属为甲烷粒菌属（广古菌门/甲烷微菌纲/甲烷微菌目/甲烷粒菌科），其主要为氢营养型产甲烷菌，通过将 CO_2 还原为 CH_4 生成能量，电子供体为 H_2 和甲酸盐[47]。由表 3.26 可知，甲烷粒菌属的相对丰度在发酵第 10d 即达到第一个高峰（0.66%），表明在发酵第 10d 左右该属产甲烷菌可利用水解发酵阶段产生的 H_2 和 CO_2；随后丰度呈现逐渐下降的趋势，到发酵第 90d 开始快速回升，并在发酵第 120d 时达到最高峰（1.64%），表明该属产甲烷菌在发酵末期大量活动，这是由于该属古菌利用了纤维素的水解发酵产物。

平均相对丰度排名第八的甲烷球形菌属（广古菌门/甲烷杆菌纲/甲烷杆菌目/甲烷杆菌科），其生长基质为 H_2 和甲醇[47]，在整个沼气发酵过程中的平均相对丰度仅为 0.09%，表明该属产甲烷菌在系统中发挥的作用较小。平均相对丰度排名第九的甲烷鬃菌属（广古菌门/甲烷微菌纲/甲烷八叠球菌目/甲烷鬃菌科）为专性乙酸型产甲烷菌[47]，其平均相对丰度仅为 0.08%，表明该属产甲烷菌能利用的乙酸有限，不足以供其大量代谢。

③ OTU 水平

根据不同发酵时期样品在 OTU 水平的物种注释及丰度信息，从鉴定出的各优势古菌门中选取平均丰度排名前 35 的 OTU，进行 BLAST 比对，结果参见表 3.27。

由表 3.27 可知，在这 35 个 OTU 中，有 6 个属于深古菌门，平均相对丰度合计 34.26%；有 12 个属于广古菌门，平均相对丰度合计 14.67%；有 9 个属于奇古菌门，平均相对丰度合计 6.40%；有 8 个属于沃斯古菌门，平均相对丰度合计 3.66%。其中，深古菌门为未培养古菌，只能比对到门分类水平，并且丰度排名第一、二位的 OTU 均属于该门古菌，表明 A 系统这一“黑箱”中蕴藏着丰富的深古菌门资源。丰度排名第三位的 OTU_2，与北京甲烷杆菌（*Methanobacterium beijingense*）相似性为99%，为广古菌门中丰度最高的产甲烷菌，该产甲烷菌种的代谢类型为氢营养型，并且广古菌门中还有7个OTU为氢营养型产甲烷菌，而氢和乙酸营养型的OTU_22（与马氏甲烷八叠球菌相似性为100%）则仅排名第22位，且平均相对丰度只有0.45%，进一步表明了该低温沼气发酵系统 CH_4 的形成主要来源于 H_2 还原 CO_2。从奇古菌门中OTU的比对结果来看，获得的相似菌种都具有需氧氨氧化的功能，表明该门古菌中的各菌种对发酵初期残存 O_2 的去除以及厌氧环境的形成具有重要的贡献。从沃斯古菌门的OTU比对结果来看，该门古菌是一类未培养古菌，表明了系统中也存在较丰富的沃斯古菌门古菌资源。

表 3.27　A系统古菌OTU水平上的物种相对丰度

OTU	平均相对丰度/%	GenBank中已知的菌种	相似度/%	登录号	代谢功能	门分类	(纲)属分类
OTU_1	11.65	—		—	降解芳香族化合物、几丁质、纤维素、蛋白质、乙酸；甲烷厌氧氧化	深古菌门	—
OTU_3	9.34	—		—	降解芳香族化合物、几丁质、纤维素、蛋白质、乙酸；甲烷厌氧氧化	深古菌门	—
OTU_2	7.23	北京甲烷杆菌	98.00	KP109878.1	利用（H_2+CO_2）或甲酸生成 CH_4[198]	广古菌门	甲烷杆菌属
OTU_19	7.14	—		—	降解芳香族化合物、几丁质、纤维素、蛋白质、乙酸；甲烷厌氧氧化	深古菌门	—
OTU_25	3.37	—		—	降解芳香族化合物、几丁质、纤维素、蛋白质、乙酸；甲烷厌氧氧化	深古菌门	—
OTU_10	2.57	维也纳亚硝化球菌（*Nitrososphaera viennensis*）	94.00	NR_134097.1	利用 O_2 将 NH_3 氧化为亚硝酸	奇古菌门	亚硝化球菌属（*Nitrososphaera*）
OTU_415	2.52	—		—	降解芳香族化合物、几丁质、纤维素、蛋白质、乙酸；甲烷厌氧氧化	深古菌门	—
OTU_8	1.62	石油甲烷杆菌（*Methanobacterium petrolearium*）	98.00	NR_113044.1	利用（H_2+CO_2）生成 CH_4[199]	广古菌门	甲烷杆菌属
OTU_16	0.99	—		—	同化乙酸	沃斯古菌门	—
OTU_15	0.97	甲酸甲烷杆菌（*Methanobacterium formicicum*）	100.00	LN734822.1	利用（H_2+CO_2）或甲酸生成 CH_4[200]	广古菌门	甲烷杆菌属
OTU_18	0.92	—		—	甲基营养型古菌[201]	广古菌门	热原体纲（Thermoplasmata）

续表

OTU	平均相对丰度/%	GenBank中已知的菌种	相似度/%	登录号	代谢功能	门分类	(纲)属分类
OTU_50	0.91	维也纳亚硝化球菌	98.00	NR_134097.1	利用 O_2 将 NH_3 氧化为亚硝酸	奇古菌门	亚硝化球菌属
OTU_42	0.78	*Candidatus Nitrosotalea devanaterra*①	96.00	LN890280.1	利用 O_2 将 NH_3 氧化为亚硝酸	奇古菌门	*Candidatus Nitrosotalea*
OTU_1185	0.69	地下甲烷杆菌(*Methanobacterium subterraneum*)	98.00	JQ268007.1	利用(H_2 + CO_2)或甲酸生成 CH_4[202]	广古菌门	甲烷杆菌属
OTU_11	0.69	*Methanomassiliicoccus luminyensis*②	99.00	NR_118098.1	利用(H_2+甲醇)生成 CH_4[203]	广古菌门	甲烷马赛球菌属
OTU_588	0.62	—		—	同化乙酸	沃斯古菌门	—
OTU_12	0.60	—		—	同化乙酸	沃斯古菌门	—
OTU_24	0.56	米氏甲烷短杆菌(*Methanobrevibacter millerae*)	99.00	KP123404.1	利用(H_2 + CO_2)或甲酸生成 CH_4[204]	广古菌门	甲烷短杆菌属
OTU_28	0.54	聚集甲烷杆菌(*Methanobacterium aggregans*)	100.00	NR_135896.1	利用(H_2 + CO_2)或甲酸生成 CH_4[205]	广古菌门	甲烷杆菌属
OTU_30	0.50	*Candidatus Nitrocosmicus oleophilus*③	100.00	CP012850.1	利用 O_2 将 NH_3 氧化为亚硝酸	奇古菌门	*Candidatus Nitrocosmicus*
OTU_37	0.49	*Candidatus Nitrocosmicus oleophilus*	96.00	CP012850.1	利用 O_2 将 NH_3 氧化为亚硝酸	奇古菌门	*Candidatus Nitrocosmicus*
OTU_22	0.45	马氏甲烷八叠球菌	100.00	KX826992.1	代谢乙酸、甲醇、H_2/CO_2 生成 CH_4[206]	广古菌门	甲烷八叠球菌属
OTU_17	0.44	—		—	同化乙酸	沃斯古菌门	—
OTU_39	0.38	中国甲烷粒菌(*Methanocorpusculum sinense*)	98.00	NR_117149.1	利用(H_2 + CO_2)或甲酸生成 CH_4[207]	广古菌门	甲烷粒菌属
OTU_56	0.37	维也纳亚硝化球菌	96.00	NR_134097.1	利用 O_2 将 NH_3 氧化为亚硝酸	奇古菌门	亚硝化球菌属

续表

OTU	平均相对丰度/%	GenBank 中已知的菌种 相似度/%	登录号	代谢功能	门分类 (纲)属分类
OTU_299	0.33	*Methanobacterium lacus*[④] 99.00	CP002551.1	利用(H_2+CO_2)或(H_2+甲醇)生成 CH_4[208]	广古菌门 甲烷杆菌属
OTU_45	0.31	维也纳亚硝化球菌 97.00	NR_134097.1	利用 O_2 将 NH_3 氧化为亚硝酸	奇古菌门 亚硝化球菌属
OTU_43	0.30	—	—	甲基营养型古菌	广古菌门 热原体纲
OTU_26	0.29	—	—	同化乙酸	沃斯古菌门 -
OTU_31	0.25	—	—	同化乙酸	沃斯古菌门 —
OTU_38	0.25	—	—	同化乙酸	沃斯古菌门 —
OTU_34	0.24	—	—	降解芳香族化合物、几丁质、纤维素、蛋白质、乙酸;甲烷厌氧氧化	深古菌门 —
OTU_76	0.24	维也纳亚硝化球菌 96.00	NR_134097.1	利用 O_2 将 NH_3 氧化为亚硝酸	奇古菌门 亚硝化球菌属
OTU_74	0.22	维也纳亚硝化球菌 96.00	NR_134097.1	利用 O_2 将 NH_3 氧化为亚硝酸	奇古菌门 亚硝化球菌属
OTU_49	0.21	—	—	同化乙酸	沃斯古菌门 —

①②③④ 目前无中文名称。

3.2.2.2 9℃低温沼气发酵系统

(1)测序数据及 Alpha 多样性

表 3.28 为 B 系统古菌测序数据的统计结果。由表 3.28 可知，B 系统不同发酵时期的古菌测序所获得有效数据数平均为 45587 条，结合稀释曲线图（参见图 3.17），当测序数据量达到 28324 条时，稀释曲线趋于平坦，说明测序数据量渐进合理，测序深度充分，可以充分反映 B 系统中绝大多数的古菌信息。

表 3.28 B 系统的古菌测序数据统计

样品名称	有效数据/条	平均长度/bp	GC 含量/%
B0	48991	383	52.09
B10	53566	383	51.99
B20	45358	383	52.24

续表

样品名称	有效数据/条	平均长度/bp	GC含量/%
B30	43336	383	51.91
B40	48114	382	51.97
B50	51395	383	51.54
B60	48868	382	51.28
B70	37096	380	49.61
B80	50886	380	50.82
B90	47819	381	51.57
B100	43905	381	52.64
B110	44011	382	52.43
B120	45013	382	52.48
B130	29409	381	51.63
B140	34850	383	52.72
B150	49049	384	52.56
B160	53310	381	52.67

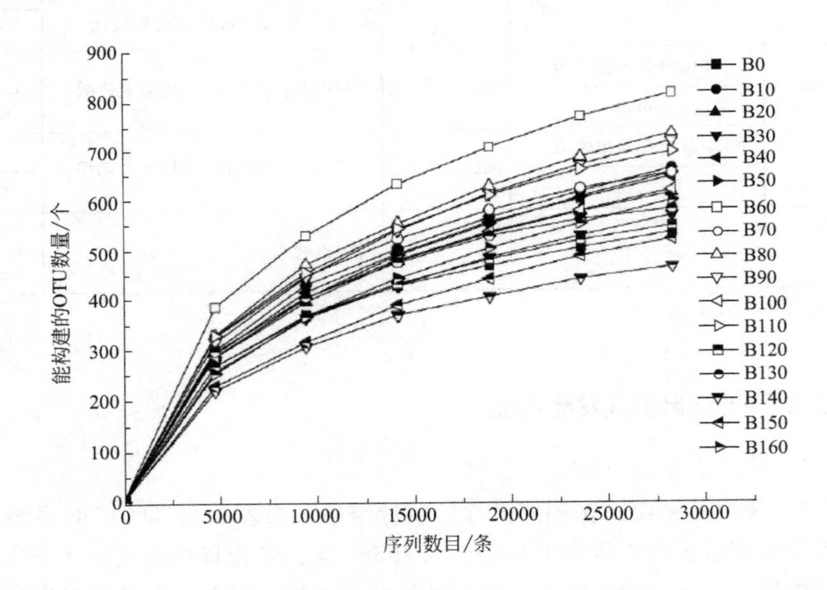

图 3.17　B系统古菌测序的稀释曲线

表3.29为B系统古菌测序的阿尔法多样性指数。由表3.29可知，B系统不同发酵时期古菌测序的香农指数在3.78～5.50之间，辛普森指数在0.80～0.94之间（均小于1），表明B系统的古菌群落多样性较高。Chao1指数在563.36～1053.51之间，ACE指数在583.95～1062.33之间，表明古菌群落丰度较高。覆盖度均大于99%，表明测序结果能准确地代表各样本的真实情况。

表 3.29　B 系统古菌测序的阿尔法多样性指数

样品名称	香农指数	辛普森指数	Chao1 指数	ACE 指数	覆盖度/%
B0	4.50	0.85	681.79	687.86	99.40
B10	4.62	0.86	916.43	918.92	99.20
B20	4.71	0.89	798.64	804.95	99.30
B30	4.30	0.83	801.00	806.32	99.30
B40	4.82	0.89	887.14	884.87	99.20
B50	4.53	0.85	889.28	955.18	99.10
B60	5.50	0.92	1053.51	1062.33	99.10
B70	5.40	0.93	753.66	777.92	99.40
B80	5.48	0.94	1023.82	1023.47	99.10
B90	5.43	0.94	971.02	1020.81	99.10
B100	4.37	0.86	766.77	808.81	99.30
B110	5.15	0.92	791.53	874.05	99.30
B120	4.73	0.91	690.75	694.40	99.40
B130	5.27	0.94	602.36	634.14	99.70
B140	4.06	0.86	563.63	583.95	99.50
B150	3.78	0.80	690.88	763.16	99.30
B160	4.21	0.87	926.55	934.00	99.10

（2） OTU 聚类

图 3.18 为 B 系统不同发酵时期古菌测序的 OTU 聚类统计。由图 3.18 可知，B 系统古菌 OTU 的数量在 561～967 个之间，表明在不同的发酵时期古菌的数量都不一样。发酵启动后，古菌 OTU 的数量呈现逐渐上升的趋势，并在发酵第 60d 达到最高峰，表明古菌群落在发酵第 60d 左右时代谢旺盛。随后，古菌 OTU 的数量呈现逐渐下降的趋势，但到发酵第 140d 时又开始出现回升的迹象，表明古菌群落在发酵末

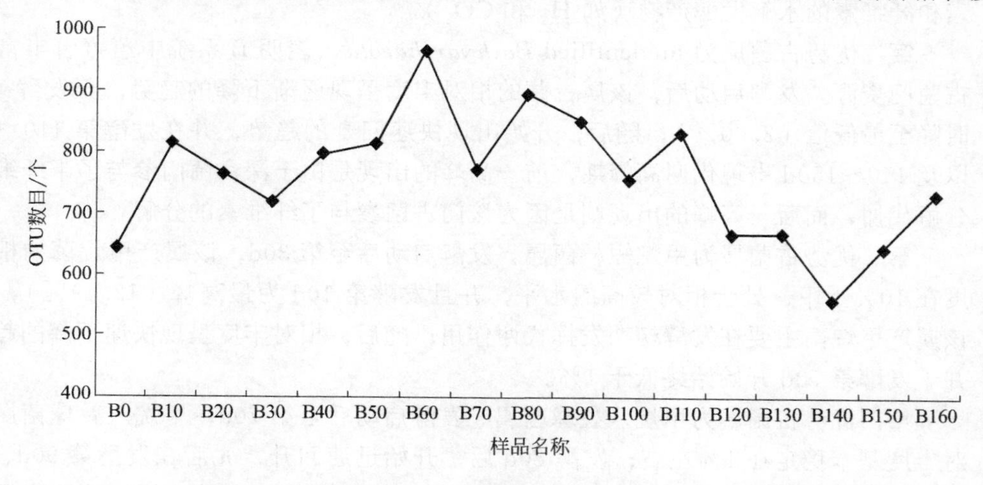

图 3.18　B 系统不同发酵时期古菌测序的 OTU 聚类统计

期出现了代谢旺盛期。

（3）物种注释

① 门分类水平

选取B系统中古菌在门分类水平上平均丰度排名前8的物种，生成相对丰度时间动态表，参见表3.30。由表3.30可知，在B系统中有54.72%的古菌未能分类到门水平，表明系统中存在未知的古菌资源。在能分类到门水平的古菌中，广古菌门和深古菌门二者的相对丰度合计44.72%，为B系统的优势古菌门类。发酵启动时为广古菌门相对丰度的最高峰（46.07%），表明B系统采用的接种物含有丰富的广古菌门。随着发酵的进行，广古菌门的相对丰度呈现逐渐下降的趋势，但在发酵第30d和第50d时出现两个回升高峰；发酵第80d后开始逐渐回升，并在发酵第150d达到第二高峰（45.26%），随后又迅速下降至发酵结束。发酵启动后，深古菌门的相对丰度呈现逐渐下降的趋势，在发酵第80d时已降至最低值（2.40%）；随后，开始呈现逐渐上升的趋势，并在发酵第120d以及150d出现代谢高峰。

② 属分类水平

表3.31为B系统中相对丰度排名前14的古菌属。在相对排名前14的古菌属中，有11个属于广古菌门且均为产甲烷菌属，有1个属于深古菌门，有1个属于奇古菌门；这14个古菌属的平均相对丰度合计42.44%。平均相对丰度大于1%的有甲烷粒菌属、unidentified *Bathyarchaeota*、甲烷短杆菌属及甲烷八叠球菌属。

第一优势古菌属为甲烷粒菌属，表明B系统中CH_4的产生主要来自于氢还原二氧化碳。发酵启动后至第60d，甲烷粒菌属的相对丰度基本都维持在30%上下，保持着较高的丰度水平，这是由于该属古菌有效利用了水解发酵性细菌代谢生成的H_2和CO_2；随后，相对丰度快速下降，至发酵第80d时已降至最低值；此后，开始呈现逐渐回升的趋势，并在发酵第140～150d时出现代谢高峰，其中，发酵第150d时为丰度最高值（38.06%），该属古菌在发酵末期出现丰度回升，原因是其利用了半纤维素和纤维素的水解发酵产物（如H_2和CO_2）。

第二优势古菌属为unidentified *Bathyarchaeota*，表明B系统中蕴藏着丰富的深古菌门资源。发酵启动后，该属古菌的相对丰度呈现逐渐下降的趋势，至发酵第80d时降至最低值（2.00%）；随后，开始出现快速回升的趋势，并在发酵第110～120d以及140～150d出现代谢高峰期，前一高峰的出现是由于深古菌门参与了半纤维素的分解代谢，而后一高峰的出现则是因为该门古菌参与了纤维素的分解。

第三优势古菌属为甲烷短杆菌属。发酵启动后至第30d，该属产甲烷菌的相对丰度在10%上下，处于相对较高的水平，并且发酵第10d为最高峰（12.49%），表明该属产甲烷菌主要在发酵初期发挥代谢作用；随后，相对丰度呈现快速下降的趋势，并于发酵第70d开始始终低于1%。

第四优势古菌属为甲烷八叠球菌属。发酵启动后至第70d，甲烷八叠球菌属的相对丰度基本稳定在1%左右；发酵80d后，开始迅速回升，先后在发酵第90d、120d及150d出现代谢高峰，这是由于半纤维素和纤维素的水解发酵产物给该属产甲烷菌提供了代谢基质。

表 3.30 B 系统古菌门水平上的物种相对丰度

单位：%

门名	B0	B10	B20	B30	B40	B50	B60	B70	B80	B90	B100	B110	B120	B130	B140	B150	B160	平均值
广古菌门	46.07	45.10	40.42	44.51	35.06	39.46	29.25	10.40	7.74	18.16	13.22	13.15	16.43	14.98	33.83	45.26	9.47	27.21
深古菌门	25.68	23.21	20.01	17.64	13.52	16.08	16.48	3.01	2.40	15.41	4.66	25.24	27.09	15.78	27.95	28.89	14.56	17.51
沃斯古菌门	0.31	0.33	0.23	0.09	0.38	0.20	0.70	0.34	0.25	0.15	0.21	0.23	0.10	0.18	0.34	0.21	0.10	0.26
奇古菌门	0.50	0.45	0.16	0.19	0.12	0.19	0.20	0.04	0.19	0.08	0.11	0.53	0.41	0.25	0.30	0.26	0.26	0.25
MEG	0.15	0.04	0.05	0.05	0.04	0.05	0.08	0.02	0.00	0.06	0.01	0.06	0.07	0.01	0.04	0.10	0.02	0.05
谜古菌门	0.00	0.00	0.00	0.00	0.00	0.00	0.00	0.01	0.01	0.00	0.01	0.00	0.00	0.00	0.00	0.00	0.00	0.00
泉古菌门	0.00	0.00	0.00	0.00	0.01	0.00	0.00	0.00	0.00	0.01	0.00	0.01	0.00	0.01	0.00	0.00	0.00	0.00
丙盐古菌门	0.00	0.00	0.00	0.00	0.00	0.00	0.01	0.00	0.00	0.00	0.00	0.00	0.00	0.00	0.00	0.00	0.00	0.00
其他古菌门	27.29	30.86	39.13	37.51	50.88	44.01	53.26	86.17	89.40	66.14	81.78	60.79	55.90	68.79	37.53	25.28	75.57	54.72

表 3.31 B 系统古菌属水平上的物种相对丰度

单位：%

属名	B0	B10	B20	B30	B40	B50	B60	B70	B80	B90	B100	B110	B120	B130	B140	B150	B160	平均值
甲烷粒菌属	31.22	30.06	27.62	37.79	28.15	35.73	23.59	7.55	4.24	12.81	10.30	7.18	10.70	10.51	27.77	38.06	6.34	20.56
unidentified *Bathyarchaeota*	24.50	21.87	18.81	16.32	12.30	14.99	15.09	2.50	2.00	14.28	4.28	23.45	25.48	14.48	25.64	26.73	13.41	16.24
甲烷短杆菌属	9.27	12.49	10.32	3.41	3.01	1.37	1.56	0.68	0.56	0.43	0.34	0.35	0.22	0.39	0.39	0.35	0.28	2.67
甲烷八叠球菌属	0.89	0.75	0.69	1.19	1.32	0.53	1.09	0.87	1.83	3.34	1.61	3.05	3.47	2.17	2.68	3.94	0.89	1.78
甲烷杆菌属	0.37	0.55	0.60	0.42	0.75	0.30	0.70	0.53	0.42	0.34	0.17	0.57	0.18	0.40	0.40	0.29	0.56	0.44
甲烷鬃菌属	0.26	0.22	0.25	0.52	0.54	0.27	0.24	0.10	0.25	0.22	0.17	0.14	0.15	0.07	0.25	0.48	0.05	0.25
甲烷球形菌属	0.08	0.19	0.14	0.13	0.16	0.10	0.21	0.10	0.07	0.11	0.05	0.43	0.26	0.46	0.41	0.36	0.60	0.23
甲烷马赛球菌属	0.04	0.10	0.16	0.17	0.15	0.11	0.20	0.06	0.04	0.19	0.10	0.11	0.07	0.06	0.17	0.17	0.09	0.12
unidentified *Woesearchaeota*①	0.01	0.05	0.07	0.03	0.13	0.03	0.13	0.15	0.11	0.05	0.07	0.04	0.00	0.01	0.02	0.00	0.03	0.06
甲烷囊菌属	0.10	0.08	0.04	0.08	0.06	0.02	0.03	0.02	0.01	0.03	0.03	0.03	0.02	0.01	0.02	0.05	0.01	0.04
*Candidatus Methanoplasma*②	0.00	0.01	0.00	0.02	0.01	0.02	0.04	0.00	0.00	0.04	0.01	0.03	0.03	0.01	0.03	0.04	0.02	0.02
甲烷食甲基菌属	0.01	0.00	0.01	0.02	0.04	0.01	0.01	0.01	0.01	0.01	0.01	0.00	0.02	0.01	0.01	0.02	0.00	0.01
Candidatus Nitrososphaera	0.06	0.00	0.00	0.00	0.01	0.00	0.01	0.00	0.00	0.00	0.01	0.05	0.01	0.01	0.00	0.01	0.01	0.01
甲烷规则菌属	0.01	0.01	0.01	0.01	0.01	0.00	0.01	0.01	0.00	0.01	0.00	0.00	0.01	0.00	0.00	0.00	0.00	0.01
其他古菌属	33.18	33.61	41.29	39.88	53.36	46.51	57.09	87.44	90.45	68.13	82.87	64.57	59.37	71.40	42.21	29.50	77.71	57.56

①②目前无中文名称。

③ OTU 水平

根据不同发酵时期样品在 OTU 水平的物种注释及丰度信息，从鉴定出的各优势古菌门中选取平均相对丰度大于 0.1 %的 OTU，进行 BLAST 比对，结果参见表 3.32。

由表 3.32 可知，共有 17 个 OTU 的平均相对丰度大于 0.1 %。其中，有 13 个 OTU 属于广古菌门，平均相对丰度合计 26.67%；有 4 个 OTU 属于深古菌门，平均相对丰度合计 17.46 %。OTU_1（与中国甲烷粒菌相似性为 98 %）为平均相对丰度最高的古菌，该古菌为氢营养型产甲烷菌，并且丰度排名第三和第五的 OTU 都可以利用 H_2 和 CO_2 生成 CH_4，表明 B 系统中产甲烷菌的主要营养类型为氢营养型。

表 3.32 B 系统古菌 OTU 水平上的物种相对丰度

OTU	平均相对丰度/%	GenBank 中已知的菌种	相似度/%	登录号	代谢功能	门分类	(纲)属分类
OTU_1	20.15	中国甲烷粒菌	98	NR_117149.1	利用（H_2 + CO_2）或甲酸生成 CH_4	广古菌门	甲烷粒菌属
OTU_2	13.92	—		—	降解芳香族化合物、几丁质、纤维素、蛋白质；自养合成乙酸；甲烷厌氧氧化	深古菌门	—
OTU_8	1.81	米氏甲烷短杆菌	99	KP123404.1	利用（H_2 + CO_2）或甲酸生成 CH_4	广古菌门	甲烷短杆菌属
OTU_1026	1.56	—		—	降解芳香族化合物、几丁质、纤维素、蛋白质；自养合成乙酸；甲烷厌氧氧化	深古菌门	—
OTU_9	1.54	*Methanosarcina soligelidi*①	99	AB973359.1	利用(H_2+CO_2)或甲醇或乙酸生成 CH_4[209]	广古菌门	甲烷八叠球菌属
OTU_16	1.26	—		—	降解芳香族化合物、几丁质、纤维素、蛋白质；自养合成乙酸；甲烷厌氧氧化	深古菌门	—
OTU_301	0.73	—		—	降解芳香族化合物、几丁质、纤维素、蛋白质；自养合成乙酸；甲烷厌氧氧化	深古菌门	—
OTU_17	0.63	瘤胃甲烷短杆菌(*Methanobrevibacter ruminantium*)	100	KP123415.1	利用（H_2 + CO_2）或甲酸生成 CH_4[210]	广古菌门	甲烷短杆菌属
OTU_43	0.50	—		—	甲基营养型古菌	广古菌门	热原体纲
OTU_19	0.47	—		—	甲基营养型古菌	广古菌门	热原体纲

续表

OTU	平均相对丰度/%	GenBank 中已知的菌种 相似度/%	登录号	代谢功能	门分类 (纲)属分类
OTU_1426	0.39	中国甲烷粒菌 98	NR_117149.1	利用（H_2 + CO_2）或甲酸生成 CH_4	广古菌门 甲烷粒菌属
OTU_28	0.24	联合鬃毛甲烷菌 100	KM408635.1	利用乙酸生成 CH_4	广古菌门 甲烷鬃菌属
OTU_721	0.24	马氏甲烷八叠球菌 98	KX826992.1	代谢乙酸、甲醇、(H_2+CO_2)生成 CH_4	广古菌门 甲烷八叠球菌
OTU_41	0.23	*Methanosphaera cuniculi* 99	NR_104874.1	利用(H_2+甲醇)生成 CH_4[211]	广古菌门 甲烷球形菌属
OTU_32	0.21	北京甲烷杆菌 98	KP109878.1	利用（H_2 + CO_2）或甲酸生成 CH_4	广古菌门 甲烷杆菌属
OTU_843	0.15	史氏甲烷短杆菌(*Methanobrevibacter smithii*) 99	LT223565.1	利用（H_2 + CO_2）或甲酸生成 CH_4[212]	广古菌门 甲烷短杆菌属
OTU_405	0.11	*Methanobacterium lacus* 99	CP002551.1	利用(H_2+CO_2)或(H_2+甲醇)生成 CH_4	广古菌门 甲烷杆菌属

①目前无中文名称。

3.2.2.3 4℃至9℃低温沼气发酵系统

（1）测序数据及 Alpha 多样性

表 3.33 为 C 系统古菌测序数据的统计结果。由该表可知，有效数据数目在发酵第 70d 时最高（57317 条），在发酵第 80d 时最低（27595）。由图 3.19 的稀释曲线图可知，当有效数据数目达到 25786 条后，稀释曲线趋向于平稳，表明本次测序所获得的数据量合理，测序深度充分，可以较好地反映 C 系统中绝大多数的古菌信息。

表 3.33　C 系统的古菌测序数据统计

样品名称	有效数据/条	平均长度/bp	GC 含量/%
C0	40965	380	50.86
C10	46480	382	51.35
C20	30602	381	50.95
C30	47336	383	54.34
C40	45864	381	51.47
C50	50409	380	51.78

续表

样品名称	有效数据/条	平均长度/bp	GC 含量/%
C60	47944	382	51.96
C70	57317	383	50.97
C80	27595	379	49.70
C90	32270	380	50.41
C100	49720	381	50.55
C110	46741	381	51.01
C120	47148	379	49.18
C130	45372	380	49.99
C140	34654	379	49.69
C150	49942	380	51.70
C160	49128	380	50.56

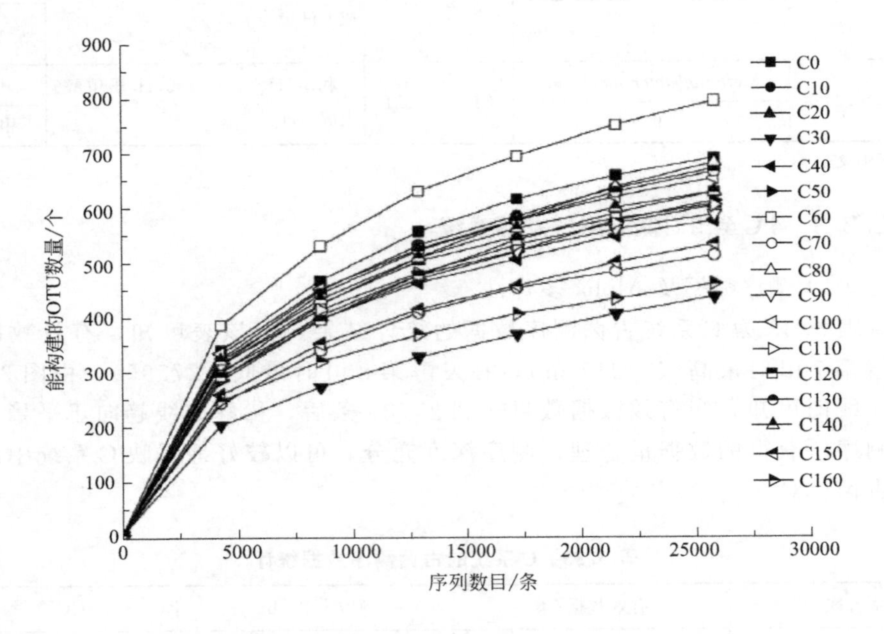

图 3.19　C 系统古菌测序的稀释曲线

表 3.34 为 C 系统古菌测序的阿尔法（Alpha）多样性指数。由该表可知，香农指数的变化范围在 3.87～6.17 之间，辛普森指数的变化范围在 0.73～0.96 之间，表明 C 系统具有较高的古菌群落多样性；Chao1 指数的变化范围在 637.95～999.66 之间，ACE 指数的变化范围在 644.15～1034.83 之间，表明 C 系统有较丰富的古菌群落丰度。不同发酵时期的覆盖度均大于等于 99%，表明本次测序结果可准确地反映各样本的真实情况。

表 3.34 C 系统古菌测序的阿尔法（Alpha）多样性指数

样品名称	香农指数	辛普森指数	Chao1 指数	ACE 指数	覆盖度/%
C0	5.26	0.90	814.12	836.22	99.30
C10	5.26	0.92	821.12	849.59	99.20
C20	5.60	0.94	685.53	701.91	99.50
C30	5.65	0.96	672.12	728.80	99.30
C40	5.70	0.94	749.07	753.89	99.30
C50	5.42	0.93	802.84	830.21	99.20
C60	6.17	0.96	999.66	1025.84	99.10
C70	3.87	0.73	639.03	660.71	99.40
C80	5.30	0.92	932.97	1034.83	99.00
C90	5.61	0.95	684.11	706.33	99.40
C100	5.67	0.94	805.24	819.86	99.30
C110	5.70	0.94	778.07	797.23	99.30
C120	5.17	0.91	853.20	857.37	99.20
C130	5.46	0.93	829.04	867.20	99.20
C140	5.66	0.95	727.84	751.12	99.40
C150	4.99	0.90	759.63	737.22	99.30
C160	5.76	0.95	637.95	644.15	99.40

（2） OTU 聚类

图 3.20 为 C 系统不同发酵时期古菌测序的 OTU 数目。由该图可知，古菌 OTU 数目在 543～929 个之间变动，表明古菌群落在 C 系统中的演替比较明显。发酵启动

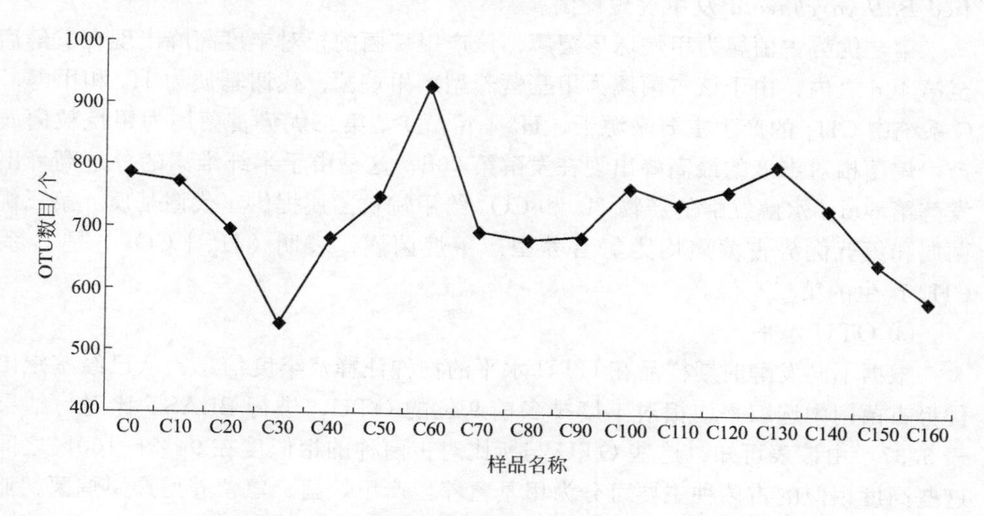

图 3.20 C 系统不同发酵时期古菌测序的 OTU 数目

后，OTU呈现逐渐下降的趋势，并在发酵第30d时达到最低值；随后，开始逐渐回升，并在发酵第60d达到最大值；在发酵第70～130d时基本保持在700～800个之间；发酵第140d又呈现逐渐下降的趋势。

（3）物种注释

① 门分类水平

从能分类到门水平的古菌中，选取平均相对丰度排名前4位的古菌门，生成相对丰度的时间动态表，参见表3.35。由该表可知，广古菌门是最优势的古菌门，其次为奇古菌门、深古菌门及沃斯古菌门。发酵启动后，广古菌门相对丰度变化范围在2.33%～58.38%之间，表明广古菌门中古菌群落的演替十分剧烈。奇古菌门的相对丰度在发酵第30d达到最高峰（39.89%），其次在发酵第60d达到第二个高峰（23.10%），其余发酵时期的相对丰度基本都在1%左右，这是由于该门古菌具有氨氧化功能，并且发酵料液中氨氮浓度在发酵第30d及60d左右时也处于最高水平（参见表3.35），因此导致奇古菌门大量活动，将发酵料液中的氨进一步代谢为亚硝酸盐。在发酵启动后至第50d，深古菌门的相对丰度保持在1%～9%，并且在发酵第10d、20d及40d达到高峰，这是由于该门古菌一方面参与了蛋白质的分解，另一方面获得了供其生长繁殖的代谢基质乙酸和CH_4；随着代谢基质的减少，相对丰度呈现逐渐下降的趋势，最终基本都保持在1%以下。不同发酵时期沃斯古菌门的相对丰度均在1%，表明该门古菌在C系统中也发挥一定的代谢功能，如同化乙酸、氮的去除等。

② 属分类水平

表3.36为C系统中相对丰度排名前10位的古菌属。由该表可知，在这10个古菌属中，有7个属于广古菌门，各有1个属于深古菌门、奇古菌门及沃斯古菌门。其中，平均相对丰度大于1%的有甲烷球形菌属、甲烷粒菌属、甲烷杆菌属、unidentified *Bathyarchaeota* 及甲烷短杆菌属。

第一优势古菌属为甲烷球形菌属，该产甲烷菌的相对丰度高峰出现在发酵启动后至第40d之内，由于该古菌属为甲基营养型产甲烷菌，代谢基质为H_2和甲醇，表明C系统中CH_4的产生主要来源于（H_2+甲醇）。第二优势古菌属为甲烷粒菌属，该产甲烷菌相对丰度的最高峰出现在发酵第70d，这是由于半纤维素的分解高峰出现在发酵第60d，水解发酵的产物H_2和CO_2给甲烷粒菌属提供了代谢基质。第三优势古菌属和第五优势古菌属均为氢营养型产甲烷菌属，表明（H_2+CO_2）是C系统中CH_4产生的第二来源。

③ OTU水平

根据不同发酵时期样品在OTU水平的物种注释及丰度信息，从已经鉴定出的各优势古菌门中选取平均相对丰度排名前9位的OTU，进行BLAST比对，结果参见表3.37。由该表可知，这些OTU与所比对古菌种的相似度在94%～100%之间，而这些高度相似的古菌种主要可分为甲基营养型产甲烷菌、氢营养型产甲烷菌、亚硝化球菌以及深古菌门类的古菌。

表 3.35　C 系统古菌门水平上的物种相对丰度

单位：%

门名	C0	C10	C20	C30	C40	C50	C60	C70	C80	C90	C100	C110	C120	C130	C140	C150	C160	平均值
广古菌门	9.38	29.86	21.59	8.74	26.14	6.07	12.65	58.38	3.72	14.42	22.33	27.40	2.33	8.83	5.65	10.76	16.02	16.72
奇古菌门	0.49	1.45	0.40	39.89	0.97	0.22	23.10	0.36	0.24	0.84	1.35	1.19	0.31	0.50	0.50	0.73	0.65	4.30
深古菌门	3.51	7.94	8.72	1.78	6.32	1.68	0.49	0.71	0.28	0.28	0.41	0.60	0.15	0.32	0.22	0.29	1.16	2.05
沃斯古菌门	0.09	0.26	0.22	0.08	0.20	0.12	0.15	0.39	0.05	0.21	0.07	0.62	0.04	0.15	0.11	0.17	0.89	0.22
其他古菌门	86.53	60.48	69.07	49.50	66.37	91.91	63.61	40.16	95.72	84.25	75.84	70.19	97.17	90.21	93.53	88.04	81.28	76.70

表 3.36　C 系统古菌属水平上的物种相对丰度

单位：%

属名	C0	C10	C20	C30	C40	C50	C60	C70	C80	C90	C100	C110	C120	C130	C140	C150	C160	平均值
甲烷球形菌属	6.17	18.50	13.38	0.33	16.53	3.61	6.75	0.24	1.21	8.53	11.74	14.76	0.92	4.82	3.30	5.43	6.97	7.25
甲烷粒菌属	0.97	1.06	0.74	0.43	1.88	0.67	0.66	50.73	0.90	1.63	2.08	2.79	0.60	0.81	0.80	1.07	2.92	4.16
甲烷杆菌属	1.57	5.03	4.45	0.26	3.01	1.01	2.48	0.21	0.63	2.42	4.40	4.86	0.53	2.09	1.00	2.94	3.12	2.35
unidentified *Bathyarchaeota*	2.97	6.36	7.33	1.45	5.32	1.40	0.31	0.48	0.22	0.21	0.27	0.45	0.09	0.21	0.12	0.23	0.76	1.66
甲烷短杆菌属	0.27	4.44	2.32	0.07	3.68	0.43	1.48	0.85	0.57	1.41	2.86	3.14	0.15	0.66	0.27	1.08	1.68	1.49
甲烷八叠球菌属	0.15	0.31	0.26	0.17	0.34	0.13	0.22	4.38	0.22	0.18	0.42	0.55	0.05	0.13	0.09	0.09	0.30	0.47
Candidatus Nitrososphaera	0.01	0.02	0.00	1.34	0.17	0.01	2.54	0.02	0.01	0.02	0.05	0.00	0.05	0.04	0.02	0.04	0.00	0.26
甲烷鬃菌属	0.03	0.04	0.05	0.01	0.10	0.01	0.07	0.54	0.03	0.04	0.24	0.36	0.02	0.02	0.03	0.02	0.14	0.10
unidentified *Woesearchaeota*	0.03	0.05	0.06	0.02	0.09	0.04	0.05	0.00	0.00	0.04	0.03	0.27	0.01	0.05	0.04	0.06	0.34	0.07
Candidatus Methanoplasma	0.03	0.00	0.01	0.00	0.07	0.02	0.01	0.03	0.01	0.01	0.05	0.16	0.00	0.07	0.03	0.02	0.37	0.05
其他古菌属	87.80	64.20	71.39	95.92	68.81	92.68	85.43	42.52	96.20	85.50	77.87	72.65	97.58	91.11	94.31	89.02	83.41	82.14

表 3.37　C 系统古菌 OTU 水平上的物种相对丰度（前 9 位）

OTU	平均相对丰度/%	GenBank 中已知的菌种 相似度/%	登录号	代谢功能	门分类 属分类
OTU_5	7.22	*Methanosphaera cuniculi* 99	NR_104874.1	利用(H_2+甲醇)生成 CH_4	广古菌门 甲烷球形菌属
OTU_4	4.15	中国甲烷粒菌 98	NR_117149.1	利用（H_2 + CO_2）或甲酸生成 CH_4	广古菌门 甲烷粒菌属
OTU_9	1.89	北京甲烷杆菌 98	KP109878.1	利用（H_2 + CO_2）或甲酸生成 CH_4	广古菌门 甲烷杆菌属
OTU_18	1.07	—	—	—	深古菌门
OTU_20	0.99	维也纳亚硝化球菌 94	NR_134097.1	利用 O_2 将 NH_3 氧化为亚硝酸	奇古菌门 亚硝化球菌属
OTU_28	0.91	米氏甲烷短杆菌 99	KP123404.1	利用（H_2 + CO_2）或甲酸生成 CH_4	广古菌门 甲烷短杆菌属
OTU_44	0.80	维也纳亚硝化球菌 94	NR_134097.1	利用 O_2 将 NH_3 氧化为亚硝酸	奇古菌门 亚硝化球菌属
OTU_46	0.51	维也纳亚硝化球菌 97	NR_134097.1	利用 O_2 将 NH_3 氧化为亚硝酸	奇古菌门 亚硝化球菌属
OTU_39	0.50	维也纳亚硝化球菌 99	NR_134097.1	利用 O_2 将 NH_3 氧化为亚硝酸	奇古菌门 亚硝化球菌属

3.3　低温沼气发酵系统中环境因子的相关性分析

3.3.1　非生物因子之间的相关性

3.3.1.1　15℃至 9℃低温沼气发酵系统

对 A 系统的非生物因子进行相关性分析，结果参见附表 A1（附表统一在本节最后，下同）。由该表可知，TS 与 sCOD 之间存在极显著正相关性，表明发酵料液中非水溶性大分子有机基质的水解是导致 sCOD 升高的驱动因素。乙酸与 TS、sCOD 均存在极显著正相关性。同时，乙酸与丁酸、戊酸之间呈极显著正相关性，表明产氢产乙酸阶段的主要代谢底物为丁酸和戊酸。但丁酸和戊酸的含量相比乙酸要低得多，说明乙酸主要来自沼气发酵第一阶段的发酵产酸过程，而非产氢产乙酸阶段。在产甲烷阶段，甲烷产量与乙酸之间的相关性不显著，但与 CO_2 产量呈极显著正相关性，表明 CH_4 主要来自 CO_2 的还原而非乙酸的代谢。

3.3.1.2　9℃低温沼气发酵系统

附表 B1 为 B 系统中非生物因子之间的皮尔森相关系数。由该表可知， sCOD 与 TS 之间呈极显著正相关性，表明发酵料液中 sCOD 浓度的升高是由于发酵原料中非水溶性大分子有机化合物分解产生水溶性的有机物。乙酸作为发酵料液中主要的挥发性脂肪酸，也与 TS 之间存在极显著正相关性，表明乙酸主要来源于非水溶性大分子有机化合物的水解发酵代谢。乙酸与丁酸之间呈显著正相关性，而与异丁酸、戊酸及异戊酸之间呈极显著正相关性，表明丁酸、异丁酸、戊酸及异戊酸等有机酸是产氢产乙酸阶段的代谢底物。CH_4 产量与 CO_2 产量之间存在极显著正相关性，而与乙酸之间的相关性不显著，表明 CH_4 的产生主要来源于 CO_2 的还原。

3.3.1.3 4℃至9℃低温沼气发酵系统

附表C1为C系统中非生物因子之间的皮尔森相关系数。由该表可知，TS和sCOD之间呈显著的负相关性，表明sCOD的升高显著抑制了TS的降解；TS和 CH_4 产量之间存在显著的正相关性，表明生成 CH_4 的基质主要来自于非水溶性大分子有机化合物的水解发酵阶段。sCOD和乙酸、丙酸等主要的挥发性脂肪酸之间呈极显著的正相关性，表明sCOD的升高驱动力主要来自于挥发性脂肪酸含量的增加；sCOD和氨氮之间存在极显著的正相关性，由于氨氮主要来自于蛋白质的分解，因此，sCOD含量的增加与发酵料液中蛋白质的水解发酵存在显著的因果关系。氨氮含量与 N_2 产量之间存在显著的正相关性，表明 N_2 的产生与发酵料液中的氨氮密切相关。

3.3.2 非生物因子与细菌类群之间的相关性

3.3.2.1 15℃至9℃低温沼气发酵系统

附表A2为A系统中非生物因子与优势细菌类群之间的皮尔森相关系数。由该表可知，对于梭状芽孢杆菌属、链球菌属及弧菌属等主要的水解性细菌，与非生物因子之间的相关性基本不显著，表明水解性细菌受非生物因子的影响较小。对于具有发酵产酸功能的发酵性细菌（15个优势细菌属），其中有4个细菌属与乙酸呈显著正相关性、有3个细菌属与乙酸呈极显著正相关性，表明乙酸是发酵产酸过程的主要代谢产物。对于优势产氢产乙酸菌（互营单胞菌属），该属细菌与乙酸、丁酸、戊酸之间存在极显著正相关性，表明该属细菌将丁酸、戊酸通过产氢产乙酸的途径转化为乙酸。

3.3.2.2 9℃低温沼气发酵系统

附表B2为B系统中非生物因子与优势细菌类群之间的皮尔森相关系数。由该表可知，TS与蛋白质分解菌链球菌属之间呈极显著正相关性，表明B系统水解阶段主要发生的是蛋白质的水解。sCOD与链球菌属之间存在极显著正相关性，表明发酵料液中sCOD浓度的升高与蛋白质的分解密切相关。乙酸与3个优势细菌属之间呈极显著正相关性，丙酸与2个优势细菌属之间呈极显著正相关性，丁酸与5个优势细菌属之间呈极显著正相关性，这些细菌属都属于水解发酵性细菌，表明乙酸、丙酸和丁酸主要来源于水解发酵阶段。CO_2 产量与解纤维素菌属、拟杆菌属、瘤胃梭菌属、*Prolixibacter* 之间都存在极显著正相关性，表明 CO_2 主要产生于水解发酵阶段。

3.3.2.3 4℃至9℃低温沼气发酵系统

附表C2为C系统中非生物因子与优势细菌类群之间的皮尔森相关系数。由该表可知，TS与链球菌属、小陌生菌属之间均呈极显著的正相关性，这两个优势细菌属都能参与蛋白质的分解代谢，表明发酵料液中非水溶性大分子有机化合物的分解种类主要为蛋白质。pH值与链球菌属之间存在极显著的正相关性，表明发酵料液pH值的下降是由链球菌属分解蛋白质所产生的有机酸导致的。CH_4产量与链球菌属之间呈显著的正相关性，表明C系统生成CH_4的代谢基质主要来自链球菌属的水解发酵产物。

3.3.3 细菌类群之间的相关性

3.3.3.1 15℃至9℃低温沼气发酵系统

对A系统中平均相对丰度前21位的细菌属之间进行相关性分析，结果参见附表A3。由该表可知，纤维素分解菌梭状芽孢杆菌属与地孢子杆菌属、罗姆布茨菌属（均为发酵单糖产有机酸的细菌）都存在极显著的正相关关系，表明地孢子杆菌属和罗姆布茨菌属均能利用梭状芽孢杆菌属的单糖等水解产物。蛋白质分解菌链球菌属与发酵氨基酸产有机酸的细菌 *Sedimentibacter* 呈极显著正相关性，表明链球菌属与 *Sedimentibacter* 为共生关系。脂肪分解菌弧菌属与其他优势细菌类群的相关性不显著，表明弧菌属既能水解脂肪，又能发酵脂肪水解产物。产氢产乙酸菌互营单胞菌属与 *Fastidiosipila* 呈极显著正相关性，*Fastidiosipila* 的主要发酵产酸产物为乙酸和丁酸，表明互营单胞菌属利用 *Fastidiosipila* 的代谢产物进行产氢产乙酸作用。

3.3.3.2 9℃低温沼气发酵系统

对B系统中平均相对丰度前25位的优势细菌属之间进行相关性分析，结果参见附表B3。由该表可知，半纤维素和纤维素的分解菌梭状芽孢杆菌属与发酵产酸细菌地孢子杆菌属、罗姆布茨菌属之间均存在极显著正相关关系。各水解发酵性细菌之间有些呈现极显著正相关性，有些呈现极显著负相关性，表明优势细菌属之间的生态关系十分复杂，有些细菌之间存在共生关系，有些细菌之间存在竞争关系。

3.3.3.3 4℃至9℃低温沼气发酵系统

附表C3为C系统中优势细菌类群之间的皮尔森相关系数。由该表可知，C系统中的第一优势细菌属假单胞菌属与梭状芽孢杆菌属、地孢子杆菌属、苏黎世杆菌属等优势细菌属都呈极显著的负相关性，表明水解发酵性细菌受抑制的环境却适合反硝化细菌的生长与繁殖。梭状芽孢杆菌属与地孢子杆菌属之间存在极显著的正相关性，表明这两个细菌属为共生关系，地孢子杆菌属利用了梭状芽孢杆菌属的水解产物。

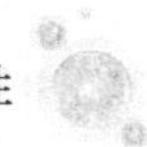

3.3.4 非生物因子与古菌类群之间的相关性

3.3.4.1 15℃至9℃低温沼气发酵系统

附表A4为A系统中非生物因子与优势古菌属之间的皮尔森相关系数。由该表可知，氨氮与主要古菌属unidentified *Bathyarchaeota*、甲烷杆菌属都存在显著的负相关性，还与3个产甲烷菌属呈负相关性，表明氨氮是影响古菌群落丰度的重要非生物因子。

3.3.4.2 9℃低温沼气发酵系统

附表B4为B系统中非生物因子与优势古菌属之间的皮尔森相关系数。由该表可知，B系统第一优势古菌属甲烷粒菌属、第三优势古菌属甲烷短杆菌属分别与丁酸呈显著正相关性和极显著正相关性，联系到这两个古菌均为氢营养型产甲烷菌属，表明这两个产甲烷菌属充分利用了丁酸产氢产乙酸过程的产物H_2。unidentified *Woesearchaeota*与乙酸之间呈显著正相关性，由于该属古菌具有同化乙酸的功能，表明该属古菌在B系统中消耗了乙酸。

3.3.4.3 4℃至9℃低温沼气发酵系统

附表C4为C系统中非生物因子与优势古菌属之间的皮尔森相关系数。由该表可知，sCOD、氨氮、乙酸、丙酸等主要的非生物因子与C系统第一优势古菌属甲烷球形菌属之间均存在负相关关系，表明古菌受非生物因子的影响较大，这些非生物因子含量的增加抑制了甲烷球形菌属的生长和繁殖。氨氮与*Candidatus Nitrososphaera*之间呈正相关性，结合该古菌属具有的氨氧化功能，表明该古菌属有效利用了发酵料液中的氨氮。

3.3.5 古菌类群之间的相关性

3.3.5.1 15℃至9℃低温沼气发酵系统

对A系统中优势古菌属之间的相关性进行分析，结果参见附表A5。由该表可知，unidentified *Bathyarchaeota*与主要产甲烷菌甲烷杆菌属之间呈极显著的正相关性，由于unidentified *Bathyarchaeota*能代谢甲烷，相关性分析表明甲烷杆菌属产生的CH_4会被unidentified *Bathyarchaeota*进一步代谢。*Candidatus Nitrososphaera*与主要古菌unidentified *Bathyarchaeota*和甲烷杆菌属之间均存在极显著的负相关关系，这是由于*Candidatus Nitrososphaera*的生存需要氧，而unidentified *Bathyarchaeota*与甲烷杆菌属则不需要氧。

3.3.5.2 9℃低温沼气发酵系统

对B系统中优势古菌属之间的相关性进行分析，结果参见附表B5。由该表可知，B

系统中的第一优势古菌属甲烷粒菌属与第二优势古菌属 unidentified *Bathyarchaeota* 之间存在显著的正相关性，这是由于甲烷粒菌属是产生 CH_4 的，而 unidentified *Bathyarchaeota* 具有代谢 CH_4 的功能。不同的优势古菌属之间，既具有共生关系，也具有竞争关系。

3.3.5.3 4℃至 9℃低温沼气发酵系统

附表 C5 为 C 系统中优势古菌属之间的相关性分析结果。由该表可知，甲烷球形菌属与甲烷杆菌属、unidentified *Bathyarchaeota*、甲烷短杆菌属之间均存在极显著的正相关性，表明这些优势古菌属之间存在共生关系。

3.3.6 细菌类群与古菌类群之间的相关性

3.3.6.1 15℃至 9℃低温沼气发酵系统

附表 A6 为 A 系统中优势细菌属与优势古菌属之间的皮尔森相关系数。由该表可知，主要古菌 unidentified *Bathyarchaeota* 与优势细菌属的相关性基本都不显著，表明 unidentified *Bathyarchaeota* 与细菌之间的关系不密切，这是由于 unidentified *Bathyarchaeota* 为化能自养古菌。主要产甲烷菌甲烷杆菌属与水解性细菌和发酵产酸细菌之间基本上都呈显著或极显著的正相关性，而与系统中主要的产氢产乙酸菌互营单胞菌属之间的相关性不显著，表明甲烷杆菌属主要利用水解和发酵阶段产生的 H_2 和 CO_2 来生成 CH_4。

3.3.6.2 9℃低温沼气发酵系统

附表 B6 为 B 系统中优势细菌属与优势古菌属之间的皮尔森相关系数。由该表可知，甲烷粒菌属（第一优势古菌属）与蛋白质分解菌链球菌属（第四优势细菌属）之间呈显著的正相关性，与发酵产酸细菌乳杆菌属之间呈极显著的正相关性；甲烷短杆菌属（第三优势古菌属）与链球菌属、乳杆菌属、*Atopostipes*、消化链球菌属及组织菌属等之间均存在极显著的正相关性；表明这两种优势氢营养型产甲烷菌的代谢基质主要来自蛋白质的水解发酵以及大分子碳水化合物水解产物的发酵产酸过程。梭状芽孢杆菌属（第一优势细菌属）、地孢子杆菌属（第二优势细菌属）、*Sedimentibacter*、糖发酵菌属等水解发酵产酸菌与甲烷八叠球菌属（第四优势古菌属）之间都存在极显著的正相关关系，表明这些水解发酵产酸细菌为甲烷八叠球菌属提供了乙酸等代谢基质。

3.3.6.3 4℃至 9℃低温沼气发酵系统

附表 C6 为 C 系统中优势细菌属与优势古菌属之间的皮尔森相关系数。由该表可知，第一优势细菌属假单胞菌属与优势产甲烷菌属之间基本都呈负相关性，表明假单胞菌属并没有为产甲烷菌提供代谢基质。优势细菌属梭状芽孢杆菌属、地孢子杆菌属与主要的产甲烷菌属之间基本都存在显著的正相关性，表明主要产甲烷菌的代谢基质主要来源于水解发酵性细菌。

附表 A1　A系统非生物因子之间的皮尔森相关系数

项目	TS	VS	sCOD	氨氮	乙酸	丙酸	丁酸	戊酸	pH值	沼气产量	甲烷产量	CO_2产量
TS	1	0.708**	0.809**	−0.094	0.884**	0.524	0.834**	0.885**	0.467	−0.176	−0.068	−0.170
VS	—	1	0.370	−0.185	0.421	0.329	0.601*	0.619*	0.512	−0.237	−0.127	−0.195
sCOD	—	—	1	0.026	0.828**	0.520	0.500	0.790**	0.098	0.298	0.374	0.254
氨氮	—	—	—	1	0.055	−0.180	−0.283	−0.088	−0.240	−0.223	−0.221	−0.333
乙酸	—	—	—	—	1	0.527	0.717**	0.914**	0.222	−0.067	0.056	−0.115
丙酸	—	—	—	—	—	1	0.257	0.664*	−0.232	0.435	0.497	0.473
丁酸	—	—	—	—	—	—	1	0.735**	0.789**	−0.359	−0.269	−0.330
戊酸	—	—	—	—	—	—	—	1	0.268	0.093	0.235	0.072
pH值	—	—	—	—	—	—	—	—	1	−0.533	−0.508	−0.488
沼气产量	—	—	—	—	—	—	—	—	—	1	0.984**	0.983**
甲烷产量	—	—	—	—	—	—	—	—	—	—	1	0.956**
CO_2产量	—	—	—	—	—	—	—	—	—	—	—	1

**相关性极显著，*相关性显著。下同

附表 B1 B系统非生物因子之间的皮尔森相关系数

项目	TS	VS	sCOD	氨氮	乙酸	丙酸	丁酸	戊酸	pH值	沼气产量	甲烷产量	CO_2产量
TS	1	0.028	0.713**	0.148	0.638**	0.038	0.851**	0.357	0.557*	0.386	0.119	−0.175
VS	—	1	−0.265	0.078	−0.124	−0.486*	0.294	−0.485*	−0.276	−0.440	0.474	−0.632**
sCOD	—	—	1	0.563*	0.779**	0.368	0.578*	0.565*	0.662**	0.578*	−0.354	0.214
氨氮	—	—	—	1	0.330	0.188	0.117	0.163	0.150	0.239	−0.307	0.042
乙酸	—	—	—	—	1	0.277	0.591*	0.671**	0.859**	0.655**	−0.513*	0.131
丙酸	—	—	—	—	—	1	−0.199	0.744**	0.478	0.840**	−0.495*	0.830**
丁酸	—	—	—	—	—	—	1	0.130	0.459	0.153	0.351	−0.486*
戊酸	—	—	—	—	—	—	—	1	0.880**	0.939**	−0.650**	0.709**
pH	—	—	—	—	—	—	—	—	1	0.844**	−0.523*	0.413
沼气产量	—	—	—	—	—	—	—	—	—	1	−0.576*	0.682**
甲烷产量	—	—	—	—	—	—	—	—	—	—	1	−0.649**
CO_2产量	—	—	—	—	—	—	—	—	—	—	—	1

附表 C1　C 系统非生物因子之间的皮尔森相关系数

项目	TS	VS	sCOD	氨氮	乙酸	丙酸	丁酸	戊酸	pH 值	沼气产量	甲烷产量	CO_2 产量	N_2 产量
TS	1	−0.099	−0.557*	−0.114	−0.502*	−0.589*	0.663**	−0.718**	0.608**	0.390	0.534*	0.328	0.223
VS	—	1	0.134	0.459	0.292	0.427	0.118	0.456	−0.200	0.251	0.125	0.478	0.249
sCOD	—	—	1	0.676**	0.865**	0.886**	−0.801**	0.681**	−0.791**	0.019	−0.243	−0.024	0.259
氨氮	—	—	—	1	0.727**	0.685**	−0.253	0.395	−0.510*	0.496*	0.326	0.462	0.595*
乙酸	—	—	—	—	1	0.930**	−0.660**	0.690**	−0.777**	0.211	−0.073	0.243	0.425
丙酸	—	—	—	—	—	1	−0.661**	0.839**	−0.770**	0.018	−0.267	0.132	0.228
丁酸	—	—	—	—	—	—	1	−0.606**	0.869**	0.219	0.466	0.251	−0.032
戊酸	—	—	—	—	—	—	—	1	−0.689**	−0.261	−0.477	−0.089	−0.086
pH	—	—	—	—	—	—	—	—	1	−0.139	0.126	−0.142	−0.355
沼气产量	—	—	—	—	—	—	—	—	—	1	0.905**	0.917**	0.954**
甲烷产量	—	—	—	—	—	—	—	—	—	—	1	0.768**	0.757**
CO_2 产量	—	—	—	—	—	—	—	—	—	—	—	1	0.858**
N_2 产量	—	—	—	—	—	—	—	—	—	—	—	—	1

附表 A2 A系统非生物因子与优势细菌类群之间的皮尔森相关系数

序号	细菌优势类群	TS	VS	sCOD	氨氮	乙酸	丙酸	丁酸	戊酸	pH值	沼气产量	甲烷产量	CO_2产量
1	梭状芽孢杆菌属	0.173	0.384	0.149	−0.242	0.031	0.365	0.208	0.293	0.249	0.390	0.428	0.386
2	地孢子杆菌属	0.224	0.349	0.172	−0.265	0.112	0.372	0.147	0.242	0.124	0.230	0.251	0.249
3	链球菌属	0.515	0.617*	0.376	−0.437	0.446	0.458	0.529	0.656*	0.278	0.231	0.355	0.227
4	*vadinBC27* wastewater-sludge group	−0.588*	−0.314	−0.748**	0.021	−0.616*	−0.347	−0.528	−0.692**	−0.329	−0.374	−0.451	−0.304
5	unidentified *Synergistaceae*	−0.589*	−0.534	−0.440	0.073	−0.609*	−0.491	−0.644*	−0.794**	−0.411	−0.074	−0.191	−0.057
6	弧菌属	0.540	0.057	0.652*	0.430	0.628*	0.072	0.363	0.431	0.163	−0.180	−0.156	−0.233
7	罗姆布茨菌属	0.178	0.276	0.140	−0.266	0.140	0.345	0.143	0.260	0.099	0.241	0.274	0.243
8	苏黎世杆菌属	−0.131	−0.015	0.022	−0.162	−0.115	0.280	−0.345	−0.090	−0.390	0.399	0.380	0.402
9	克里斯滕森菌属	−0.966**	−0.691**	−0.802**	0.160	−0.844**	−0.453	−0.883**	−0.871**	−0.544	0.117	0.015	0.110
10	乳杆菌属	0.508	0.572*	0.359	−0.430	0.473	0.413	0.556*	0.652*	0.288	0.185	0.313	0.172
11	*Atopostipes*	0.558*	0.632*	0.175	−0.540	0.377	0.147	0.839**	0.519	0.774**	−0.250	−0.164	−0.200
12	嗜蛋白质菌属	−0.348	0.050	−0.312	−0.003	−0.277	0.118	−0.549	−0.154	−0.656*	0.220	0.267	0.225
13	*Petrimonas*	−0.651*	−0.246	−0.671*	0.088	−0.581*	−0.367	−0.607*	−0.539	−0.478	−0.067	−0.073	−0.064
14	长杆菌属	−0.429	−0.492	0.060	−0.250	−0.241	0.075	−0.420	−0.140	−0.459	0.892**	0.851**	0.863**
15	*Fastidiosipila*	−0.868**	−0.614*	−0.739**	0.270	−0.732**	−0.470	−0.725**	−0.752**	−0.382	0.046	−0.031	0.008
16	瘤胃球菌属	−0.184	−0.373	0.240	−0.258	−0.032	0.521	−0.338	0.064	−0.579*	0.932**	0.901**	0.930**
17	*Sedimentibacter*	−0.810**	−0.503	−0.783**	0.252	−0.812**	−0.521	−0.736**	−0.847**	−0.372	−0.175	−0.280	−0.144
18	假单胞菌属	−0.258	−0.035	−0.533	0.125	−0.307	−0.194	−0.212	−0.333	−0.117	−0.513	−0.533	−0.460
19	瘤胃梭菌属	−0.591*	−0.555*	−0.251	−0.181	−0.559*	0.099	−0.685**	−0.487	−0.622*	0.619*	0.511	0.681*
20	*Anaerovorax*	−0.753**	−0.440	−0.762**	0.114	−0.809**	−0.484	−0.727**	−0.891**	−0.339	−0.222	−0.344	−0.185
21	互营单胞菌属	−0.893**	−0.727**	−0.772**	0.206	−0.761**	−0.680*	−0.710**	−0.856**	−0.288	−0.102	−0.202	−0.129
22	解纤维素菌属	−0.292	−0.433	−0.145	0.240	−0.077	0.391	−0.466	−0.184	−0.616*	0.254	0.210	0.226
23	螺旋体属	−0.523	−0.564*	−0.137	−0.160	−0.432	−0.363	−0.490	−0.503	−0.369	0.473	0.402	0.436
24	组织菌属	0.510	0.601*	0.107	−0.488	0.346	0.179	0.819**	0.488	0.769**	−0.262	−0.183	−0.214
25	盐单胞菌属	0.543	0.081	0.673*	0.440	0.614*	0.114	0.348	0.445	0.145	−0.122	−0.098	−0.176

附表 B2 B 系统中非生物因子与优势细菌属之间的皮尔森相关系数

序号	细菌优势类群	TS	VS	sCOD	氨氮	乙酸	丙酸	丁酸	戊酸	pH 值	沼气产量	甲烷产量	CO_2 产量
1	梭状芽孢杆菌属	−0.321	0.145	−0.497*	0.006	−0.693**	−0.290	−0.408	−0.588*	−0.661**	−0.520*	0.348	−0.159
2	地孢子杆菌属	−0.328	−0.064	−0.466	0.034	−0.584*	−0.283	−0.558*	−0.349	−0.501*	−0.375	0.010	−0.014
3	苏黎世杆菌属	−0.029	0.227	0.011	0.331	0.074	0.014	0.006	0.073	0.002	0.116	−0.084	−0.113
4	罗姆布茨菌属	−0.427	−0.013	−0.563*	−0.017	−0.596*	−0.370	−0.586*	−0.413	−0.541*	−0.436	0.005	−0.113
5	链球菌属	0.943**	0.114	0.707**	0.173	0.709**	0.042	0.927**	0.399	0.635**	0.419	0.137	−0.216
6	解纤维素菌属	−0.085	−0.345	0.284	−0.083	0.447	0.547*	−0.030	0.591*	0.579*	0.567*	−0.482*	0.564*
7	拟杆菌属	−0.142	−0.479	0.253	−0.163	0.390	0.627**	−0.124	0.631**	0.560*	0.572*	−0.565*	0.633**
8	乳酸杆菌属	0.897**	0.252	0.669**	0.255	0.767**	−0.125	0.891**	0.272	0.565*	0.295	0.051	−0.345
9	*Atopostipes*	0.713**	0.301	0.353	−0.140	0.282	−0.260	0.880**	−0.142	0.139	−0.084	0.639**	−0.531*
10	*vadinBC27* wastewater-sludge group	−0.220	−0.289	0.134	0.021	0.496*	0.287	−0.158	0.497*	0.460	0.410	−0.695**	0.320
11	*Christensenellaceae*_R-7_group	−0.463	0.132	−0.052	0.391	0.084	−0.027	−0.429	−0.084	−0.178	−0.107	−0.464	0.092
12	*Lachnospiraceae*_UCG-007	−0.434	0.409	−0.426	0.189	−0.457	−0.215	−0.416	−0.470	−0.586*	−0.407	0.163	−0.150
13	*Sedimentibacter*	−0.903**	−0.002	−0.718**	−0.240	−0.754**	−0.201	−0.831**	−0.523*	−0.692**	−0.568*	−0.009	0.076
14	*Prolixibacter*	−0.154	−0.590*	0.084	−0.207	−0.040	0.785**	−0.316	0.608**	0.287	0.569*	−0.279	0.789**
15	unidentified *Synergistaceae*	−0.618**	0.293	−0.474	0.163	−0.372	−0.274	−0.477	−0.439	−0.507*	−0.391	−0.040	−0.240
16	假单胞菌属	0.002	−0.341	0.043	0.014	−0.065	0.072	−0.069	0.076	0.043	0.085	−0.041	0.066
17	嗜蛋白质菌属	0.135	−0.274	0.505*	0.274	0.787**	0.407	0.109	0.710**	0.715**	0.639**	−0.778**	0.368
18	*Fastidiosipila*	−0.835**	−0.042	−0.498*	−0.025	−0.358	−0.078	−0.714**	−0.213	−0.355	−0.306	−0.291	0.194
19	瘤胃球菌属	0.272	−0.271	0.266	0.133	0.351	−0.149	0.130	0.240	0.381	0.128	−0.321	0.091
20	瘤胃梭菌属	−0.388	−0.501*	0.013	−0.260	0.214	0.519*	−0.414	0.468	0.349	0.387	−0.641**	0.656**
21	消化链球菌属	0.746**	0.267	0.487*	0.011	0.290	−0.270	0.892**	−0.146	0.140	−0.099	0.576*	−0.524*
22	糖发酵菌属	−0.829**	0.006	−0.681**	−0.268	−0.804**	−0.037	−0.785**	−0.419	−0.657**	−0.463	0.074	0.187
23	组织菌属	0.685**	0.260	0.382	−0.115	0.249	−0.239	0.852**	−0.164	0.103	−0.105	0.633**	−0.504*
24	*Petrimonas*	−0.030	−0.133	0.278	0.257	0.387	0.332	0.049	0.474	0.366	0.418	−0.386	0.215

附表 C2 C 系统中非生物因子与优势细菌属之间的皮尔森相关系数

序号	细菌优势类群	TS	VS	sCOD	氨氮	乙酸	丙酸	丁酸	戊酸	pH 值	沼气产量	甲烷产量	CO_2 产量	N_2 产量
1	假单胞菌属	0.109	0.233	−0.102	−0.297	−0.257	−0.148	−0.135	0.043	−0.131	−0.020	0.005	0.038	−0.058
2	梭状芽孢杆菌属	0.140	0.036	0.067	0.418	0.136	0.042	0.210	−0.261	0.210	0.131	0.129	0.029	0.158
3	地孢子杆菌属	−0.267	−0.247	0.144	0.157	0.217	0.118	−0.006	−0.112	0.083	−0.110	−0.132	−0.231	−0.027
4	*Sedimentibacter*	−0.319	0.266	0.338	−0.035	0.353	0.435	−0.611**	0.515*	−0.624**	−0.171	−0.309	−0.016	−0.073
5	*Petrimonas*	0.179	0.349	0.213	0.324	0.223	0.256	−0.160	0.274	−0.279	0.230	0.207	0.355	0.186
6	链球菌属	0.669**	−0.091	−0.501*	0.061	−0.286	−0.444	0.791**	−0.606**	0.677**	0.408	0.561*	0.330	0.252
7	苏黎世杆菌属	−0.239	−0.295	0.220	0.292	0.334	0.231	0.008	0.068	−0.036	0.156	0.082	0.086	0.208
8	小陌生菌属	0.811**	0.098	−0.545*	−0.235	−0.369	−0.469	0.566*	−0.570*	0.466	0.418	0.481	0.452	0.283
9	嗜蛋白质菌属	0.159	0.247	0.250	0.260	0.202	0.262	−0.219	0.317	−0.308	0.149	0.120	0.263	0.123
10	*Christensenellaceae*_R-7_group	0.482*	0.225	0.182	0.603*	0.353	0.273	0.164	−0.023	0.011	0.498*	0.388	0.575*	0.475
11	乳酸杆菌属	0.681**	−0.108	−0.608**	−0.122	−0.407	−0.512*	0.844**	−0.620**	0.810**	0.233	0.385	0.224	0.065
12	*vadinBC27* wastewater-sludge group	−0.076	−0.183	0.270	0.222	0.276	0.298	−0.146	0.279	−0.218	0.176	0.028	0.235	0.219
13	unidentified *Synergistaceae*	−0.514*	−0.275	0.411	0.226	0.455	0.427	−0.301	0.359	−0.320	0.004	−0.130	−0.016	0.113
14	拟杆菌属	−0.318	−0.304	0.215	0.229	0.293	0.231	−0.035	0.144	−0.050	0.044	−0.037	−0.005	0.109
15	鳞球菌属	−0.408	−0.067	0.080	−0.343	−0.010	0.059	−0.454	0.409	−0.443	−0.337	−0.343	−0.321	−0.274
16	瘤胃梭菌属	−0.667**	0.031	0.571*	0.112	0.423	0.555*	−0.764**	0.736**	−0.747**	−0.343	−0.506*	−0.290	−0.179
17	螺旋体属	−0.412	−0.093	0.081	−0.272	0.003	0.041	−0.433	0.384	−0.395	−0.344	−0.337	−0.334	−0.290
18	组织菌属	0.605*	−0.062	−0.838**	−0.521*	−0.791**	−0.735**	0.892**	−0.613**	0.963**	−0.179	0.074	−0.121	−0.396
19	*Fastidiosipila*	0.334	0.340	0.104	0.377	0.135	0.161	0.116	0.042	−0.086	0.466	0.304	0.573*	0.448
20	瘤胃球菌属	−0.090	0.133	0.370	0.183	0.412	0.452	−0.293	0.367	−0.402	0.247	−0.011	0.387	0.331

附表 A3　A 系统优势细菌类群之间的皮尔森相关系数

项目	A-b1	A-b2	A-b3	A-b4	A-b5	A-b6	A-b7	A-b8	A-b9	A-b10	A-b11	A-b12	A-b13	A-b14	A-b15	A-b16	A-b17	A-b18	A-b19	A-b20	A-b21
A-b1	1	0.767**	0.736**	−0.639*	−0.407	−0.448	0.756**	0.446	−0.197	0.682*	0.498	−0.089	−0.375	0.227	−0.143	0.363	−0.525	−0.640*	−0.188	−0.397	−0.262
A-b2	—	1	0.632*	−0.455	−0.087	−0.423	0.982**	0.814**	−0.172	0.573*	0.373	−0.007	−0.447	0.094	−0.380	0.339	−0.546	−0.617*	−0.254	−0.223	−0.237
A-b3	—	—	1	−0.646*	−0.513	−0.324	0.652*	0.323	−0.537	0.992**	0.764**	0.121	−0.254	0.076	−0.504	0.216	−0.787**	−0.569*	−0.449	−0.710**	−0.596*
A-b4	—	—	—	1	0.583*	−0.275	−0.473	−0.119	0.639*	−0.634*	−0.448	0.430	0.705**	−0.253	0.505	−0.313	0.865**	0.842**	0.394	0.850**	0.544
A-b5	—	—	—	—	1	−0.309	−0.136	0.337	0.631*	−0.504	−0.515	0.259	0.441	0.072	0.358	0.037	0.575*	0.134	0.385	0.704**	0.593*
A-b6	—	—	—	—	—	1	−0.437	−0.501	−0.539	−0.309	−0.180	−0.522	−0.491	−0.239	−0.385	−0.249	−0.238	0.048	−0.230	−0.335	−0.375
A-b7	—	—	—	—	—	—	1	0.800**	−0.132	0.606*	0.376	0.005	−0.422	0.154	−0.330	0.361	−0.559*	−0.627*	−0.281	−0.251	−0.173
A-b8	—	—	—	—	—	—	—	1	0.225	0.273	−0.104	0.342	−0.090	0.290	−0.079	0.532	−0.207	−0.486	0.116	0.118	0.050
A-b9	—	—	—	—	—	—	—	—	1	−0.536	−0.628*	0.428	0.666*	0.312	0.882**	0.161	0.822**	0.294	0.582*	0.800**	0.916**
A-b10	—	—	—	—	—	—	—	—	—	1	0.784**	0.109	−0.224	0.062	−0.484	0.183	−0.788**	−0.556*	−0.488	−0.727**	−0.575*
A-b11	—	—	—	—	—	—	—	—	—	—	1	−0.279	−0.340	−0.266	−0.519	−0.239	−0.646*	−0.295	−0.609*	−0.597*	−0.527
A-b12	—	—	—	—	—	—	—	—	—	—	—	1	0.793**	0.135	0.290	0.179	0.336	0.261	0.310	0.252	0.150
A-b13	—	—	—	—	—	—	—	—	—	—	—	—	1	0.047	0.637*	−0.126	0.716**	0.531	0.353	0.517	0.514
A-b14	—	—	—	—	—	—	—	—	—	—	—	—	—	1	0.210	0.840**	−0.010	−0.466	0.612*	−0.086	0.193
A-b15	—	—	—	—	—	—	—	—	—	—	—	—	—	—	1	0.012	0.770**	0.317	0.453	0.645*	0.842**
A-b16	—	—	—	—	—	—	—	—	—	—	—	—	—	—	—	1	−0.206	−0.533	0.609*	−0.186	−0.054
A-b17	—	—	—	—	—	—	—	—	—	—	—	—	—	—	—	—	1	0.701**	0.551	0.879**	0.759**
A-b18	—	—	—	—	—	—	—	—	—	—	—	—	—	—	—	—	—	1	0.153	0.601*	0.256
A-b19	—	—	—	—	—	—	—	—	—	—	—	—	—	—	—	—	—	—	1	0.438	0.370
A-b20	—	—	—	—	—	—	—	—	—	—	—	—	—	—	—	—	—	—	—	1	0.745**
A-b21	—	—	—	—	—	—	—	—	—	—	—	—	—	—	—	—	—	—	—	—	1

注：A-b1 至 A-b21 表示 A 系统中平均相对丰度前 21 位的细菌属（参见附表 A2）。

附表 B3　B 系统优势细菌类群之间的皮尔森相关系数

项目	B-b1	B-b2	B-b3	B-b4	B-b5	B-b6	B-b7	B-b8	B-b9	B-b10	B-b11	B-b12	B-b13	B-b14	B-b15	B-b16	B-b17	B-b18	B-b19	B-b20	B-b21	B-b22	B-b23	B-b24
B-b1	1	0.799**	−0.341	0.676**	−0.463	−0.634**	−0.614**	−0.409	−0.244	−0.690**	−0.143	0.447	0.480	−0.300	0.071	−0.031	−0.793**	0.288	0.157	−0.382	−0.231	0.499*	−0.239	−0.730**
B-b2	—	1	−0.150	0.945**	−0.517*	−0.610**	−0.534*	−0.433	−0.544*	−0.439	0.016	0.390	0.510*	−0.202	0.249	0.148	−0.526*	0.292	0.327	−0.288	−0.486*	0.394	−0.549*	−0.532*
B-b3	—	—	1	−0.003	0.080	0.034	−0.205	0.111	−0.131	0.296	0.365	0.349	−0.191	−0.079	0.485*	−0.154	0.355	−0.170	−0.500*	−0.320	−0.125	−0.036	−0.153	0.636**
B-b4	—	—	—	1	−0.582*	−0.604*	−0.526*	−0.470	−0.572*	−0.274	0.107	0.418	0.584*	−0.269	0.436	0.240	−0.441	0.341	0.254	−0.263	−0.532*	0.430	−0.581*	−0.372
B-b5	—	—	—	—	1	0.104	−0.058	0.940**	0.744**	−0.104	−0.426	−0.377	−0.965**	−0.122	−0.607**	−0.136	0.261	−0.794**	0.172	−0.353	0.761**	−0.837**	0.707**	0.098
B-b6	—	—	—	—	—	1	0.815**	0.017	−0.142	0.552*	0.130	−0.152	−0.181	0.607**	−0.238	−0.263	0.662**	0.035	−0.126	0.693**	−0.157	−0.086	−0.139	0.332
B-b7	—	—	—	—	—	—	1	−0.174	−0.203	0.632**	0.042	−0.534*	0.007	0.685**	−0.213	0.124	0.610**	0.132	0.025	0.912**	−0.207	−0.028	−0.173	0.385
B-b8	—	—	—	—	—	—	—	1	0.678**	−0.050	−0.200	−0.238	−0.901**	−0.376	−0.446	−0.210	0.311	−0.683**	0.249	−0.393	0.691**	−0.870**	0.629**	0.050
B-b9	—	—	—	—	—	—	—	—	1	−0.346	−0.481	−0.338	−0.624**	−0.275	−0.437	−0.067	−0.208	−0.654**	−0.071	−0.434	0.957**	−0.569*	0.992**	−0.100
B-b10	—	—	—	—	—	—	—	—	—	1	0.496*	−0.275	0.008	0.197	0.262	0.160	0.868**	0.352	−0.026	0.665**	−0.408	−0.076	−0.360	0.773**
B-b11	—	—	—	—	—	—	—	—	—	—	1	0.469	0.356	−0.185	0.716**	−0.198	0.409	0.594*	−0.212	0.198	−0.482*	0.135	−0.475	0.381
B-b12	—	—	—	—	—	—	—	—	—	—	—	1	0.340	−0.217	0.456	−0.480	−0.265	0.292	−0.377	−0.371	−0.349	0.428	−0.358	−0.224
B-b13	—	—	—	—	—	—	—	—	—	—	—	—	1	0.027	0.585*	0.163	−0.369	0.770**	−0.139	0.296	−0.618**	0.837**	−0.581*	−0.191
B-b14	—	—	—	—	—	—	—	—	—	—	—	—	—	1	−0.287	0.067	0.219	−0.020	−0.222	0.579*	−0.280	0.193	−0.243	0.236
B-b15	—	—	—	—	—	—	—	—	—	—	—	—	—	—	1	0.073	−0.007	0.515*	−0.422	−0.083	−0.444	0.324	−0.432	0.290
B-b16	—	—	—	—	—	—	—	—	—	—	—	—	—	—	—	1	−0.020	−0.030	0.306	0.166	−0.046	0.007	−0.043	0.209
B-b17	—	—	—	—	—	—	—	—	—	—	—	—	—	—	—	—	1	0.012	0.090	0.524*	−0.203	−0.383	−0.227	0.710**
B-b18	—	—	—	—	—	—	—	—	—	—	—	—	—	—	—	—	—	1	−0.013	0.422	−0.704**	0.616**	−0.641**	0.070
B-b19	—	—	—	—	—	—	—	—	—	—	—	—	—	—	—	—	—	—	1	0.114	−0.020	−0.316	−0.087	−0.308
B-b20	—	—	—	—	—	—	—	—	—	—	—	—	—	—	—	—	—	—	—	1	−0.471	0.217	−0.409	0.262
B-b21	—	—	—	—	—	—	—	—	—	—	—	—	—	—	—	—	—	—	—	—	1	−0.572*	0.972**	−0.127
B-b22	—	—	—	—	—	—	—	—	—	—	—	—	—	—	—	—	—	—	—	—	—	1	−0.527*	−0.122
B-b23	—	—	—	—	—	—	—	—	—	—	—	—	—	—	—	—	—	—	—	—	—	—	1	−0.095
B-b24	—	—	—	—	—	—	—	—	—	—	—	—	—	—	—	—	—	—	—	—	—	—	—	1

注：B-b1 至 B-b24 表示 B 系统中平均相对丰度前 24 位的细菌属（参见附表 B2）。

附表 C3　C 系统优势细菌类群之间的皮尔森相关系数

项目	C-b1	C-b2	C-b3	C-b4	C-b5	C-b6	C-b7	C-b8	C-b9	C-b10	C-b11	C-b12	C-b13	C-b14	C-b15	C-b16	C-b17	C-b18	C-b19	C-b20
C-b1	1	−0.671**	−0.840**	0.602*	0.552*	−0.512*	−0.832**	0.242	0.548*	−0.268	−0.464	−0.256	−0.573*	−0.785**	0.428	0.188	0.295	−0.101	0.025	0.045
C-b2	—	1	0.772**	−0.558*	−0.426	0.445	0.331	−0.083	−0.516*	0.334	0.387	−0.344	−0.021	0.229	−0.701**	−0.462	−0.615**	0.173	−0.002	−0.408
C-b3	—	—	1	−0.502*	−0.772**	0.273	0.634**	−0.355	−0.793**	−0.048	0.239	−0.136	0.410	0.571*	−0.395	−0.189	−0.334	0.030	−0.291	−0.244
C-b4	—	—	—	1	0.512*	−0.763**	−0.587*	−0.002	0.543*	−0.147	−0.724**	−0.093	−0.258	−0.536*	0.614**	0.640**	0.568*	−0.521*	−0.048	0.310
C-b5	—	—	—	—	1	−0.216	−0.460	0.213	0.971**	0.473	−0.244	0.175	−0.318	−0.453	0.083	0.124	0.142	−0.271	0.320	0.236
C-b6	—	—	—	—	—	1	0.400	0.529*	−0.275	0.441	0.958**	0.088	0.014	0.314	−0.628**	−0.800**	−0.545*	0.642**	0.182	−0.182
C-b7	—	—	—	—	—	—	1	−0.390	−0.443	0.212	0.317	0.576*	0.889**	0.953**	−0.312	−0.044	−0.300	−0.119	0.085	0.236
C-b8	—	—	—	—	—	—	—	1	0.192	0.300	0.570*	−0.147	−0.578*	−0.435	−0.191	−0.581*	−0.150	0.523*	0.252	0.036
C-b9	—	—	—	—	—	—	—	—	1	0.426	−0.294	0.273	−0.268	−0.422	0.209	0.226	0.264	−0.291	0.322	0.328
C-b10	—	—	—	—	—	—	—	—	—	1	0.385	0.321	0.005	0.079	−0.562*	−0.336	−0.517*	−0.017	0.628**	0.365
C-b11	—	—	—	—	—	—	—	—	—	—	1	0.078	−0.045	0.269	−0.638**	−0.816**	−0.547*	0.789**	0.119	−0.196
C-b12	—	—	—	—	—	—	—	—	—	—	—	1	0.714**	0.665**	0.001	0.263	0.053	−0.240	0.248	0.575*
C-b13	—	—	—	—	—	—	—	—	—	—	—	—	1	0.915**	−0.022	0.316	−0.054	−0.384	−0.020	0.369
C-b14	—	—	—	—	—	—	—	—	—	—	—	—	—	1	−0.256	0.054	−0.182	−0.112	−0.078	0.142
C-b15	—	—	—	—	—	—	—	—	—	—	—	—	—	—	1	0.737**	0.911**	−0.350	−0.083	0.266
C-b16	—	—	—	—	—	—	—	—	—	—	—	—	—	—	—	1	0.676**	−0.673**	−0.023	0.360
C-b17	—	—	—	—	—	—	—	—	—	—	—	—	—	—	—	—	1	−0.307	−0.219	0.114
C-b18	—	—	—	—	—	—	—	—	—	—	—	—	—	—	—	—	—	1	−0.050	−0.382
C-b19	—	—	—	—	—	—	—	—	—	—	—	—	—	—	—	—	—	—	1	0.670**
C-b20	—	—	—	—	—	—	—	—	—	—	—	—	—	—	—	—	—	—	—	1

注：C-b1 至 C-b20 表示 C 系统中平均相对丰度前 20 位的细菌属（参见附表 C2）。

附表 A4 A系统非生物因子与优势古菌类群之间的皮尔森相关系数

序号	古菌优势类群	TS	VS	sCOD	氨氮	乙酸	丙酸	丁酸	戊酸	pH值	沼气产量	甲烷产量	CO_2 产量
1	unidentified *Bathyarchaeota*	−0.215	−0.027	−0.342	−0.578*	−0.175	−0.291	0.116	−0.149	0.273	−0.052	−0.040	−0.028
2	甲烷杆菌属	0.182	0.239	0.072	−0.652*	0.110	−0.007	0.431	0.232	0.485	0.110	0.150	0.138
3	*Candidatus Nitrososphaera*	0.499	0.147	0.678*	0.429	0.510	0.230	0.269	0.442	0.077	0.082	0.103	0.033
4	甲烷马赛球菌属	−0.714**	−0.482	−0.551	−0.027	−0.644*	−0.589*	−0.508	−0.681*	−0.075	0.091	−0.001	0.092
5	甲烷短杆菌属	0.435	0.537	−0.007	−0.449	0.241	−0.039	0.800**	0.347	0.824**	−0.443	−0.388	−0.360
6	甲烷八叠球菌属	−0.213	−0.073	−0.359	0.456	−0.149	−0.339	−0.078	−0.247	0.109	−0.473	−0.503	−0.449
7	甲烷粒菌属	−0.228	−0.131	−0.375	0.412	−0.134	−0.210	−0.186	−0.216	−0.169	−0.428	−0.433	−0.401
8	甲烷球形菌属	−0.168	0.041	−0.311	−0.453	−0.181	−0.214	0.189	−0.157	0.408	−0.059	−0.078	−0.029
9	甲烷鬃菌属	−0.249	−0.082	−0.406	0.245	−0.197	−0.187	−0.134	−0.195	−0.108	−0.306	−0.306	−0.252

附表 B4　B 系统非生物因子与优势古菌类群之间的皮尔森相关系数

序号	古菌优势类群	TS	VS	sCOD	氨氮	乙酸	丙酸	丁酸	戊酸	pH 值	沼气产量	甲烷产量	CO_2 产量
10	甲烷粒菌属	0.387	0.289	0.366	0.473	0.458	-0.296	0.569*	-0.051	0.151	-0.059	0.128	-0.469
11	unidentified *Bathyarchaeota*	0.054	0.462	-0.205	-0.016	-0.231	-0.773**	0.230	-0.632**	-0.488*	-0.748**	0.524*	-0.682**
12	甲烷短杆菌属	0.801**	0.392	0.541*	0.160	0.423	-0.266	0.943**	-0.015	0.302	0.014	0.436	-0.529*
13	甲烷八叠球菌属	-0.572*	-0.102	-0.545*	-0.113	-0.716**	-0.119	-0.626**	-0.380	-0.642**	-0.468	0.190	0.131
14	甲烷杆菌属	0.280	0.189	0.344	0.194	0.523*	-0.039	0.316	0.354	0.477	0.251	-0.324	-0.015
15	甲烷鬃菌属	0.234	-0.034	0.247	0.485*	0.334	-0.040	0.277	0.203	0.242	0.192	-0.032	-0.096
16	甲烷球形菌属	-0.634**	0.399	-0.586*	-0.104	-0.552*	-0.613**	-0.437	-0.657**	-0.670**	-0.762**	0.145	-0.378
17	甲烷马赛球菌属	0.023	0.196	0.171	0.652**	0.203	0.052	-0.010	0.131	0.032	0.084	-0.273	-0.063
18	*unidentified_Woesearchaeota*	0.209	-0.334	0.460	0.143	0.604*	0.666**	0.052	0.789**	0.764**	0.810**	-0.649**	0.631**
19	甲烷囊菌属	0.627**	0.124	0.398	0.206	0.326	-0.278	0.792**	-0.090	0.132	-0.055	0.483*	-0.541*
20	*Candidatus Methanoplasma*	-0.414	0.019	-0.165	0.326	-0.227	-0.078	-0.473	-0.204	-0.420	-0.303	-0.207	0.054
21	甲烷食甲基菌属	0.033	-0.101	-0.049	0.135	0.178	-0.029	-0.027	0.147	0.126	0.128	-0.151	0.054
22	*Candidatus Nitrososphaera*	0.178	0.221	-0.291	-0.564*	-0.207	-0.388	0.260	-0.380	-0.231	-0.365	0.628**	-0.373
23	甲烷规则菌属	0.430	-0.237	0.391	0.157	0.438	0.019	0.501*	0.302	0.401	0.243	-0.055	-0.158

附表 C4 C 系统非生物因子与优势古菌类群之间的皮尔森相关系数

序号	古菌优势类群	TS	VS	sCOD	氨氮	乙酸	丙酸	丁酸	戊酸	pH	沼气产量	甲烷产量	CO_2 产量	N_2 产量
1	甲烷球形菌属	0.255	−0.026	−0.209	−0.015	−0.151	−0.312	0.198	−0.631**	0.221	0.308	0.382	0.165	0.258
2	甲烷粒菌属	−0.422	−0.310	0.278	0.238	0.339	0.283	−0.122	0.196	−0.110	−0.028	−0.115	−0.081	0.058
3	甲烷杆菌属	0.092	−0.026	−0.047	0.054	−0.027	−0.173	0.074	−0.447	0.109	0.170	0.291	−0.002	0.141
4	unidentified *Bathyarchaeota*	0.580*	−0.040	−0.544*	−0.049	−0.373	−0.570*	0.639**	−0.778**	0.480	0.636**	0.810**	0.513*	0.449
5	甲烷短杆菌属	0.108	−0.100	0.010	0.135	0.017	−0.178	0.017	−0.533*	0.070	0.358	0.357	0.163	0.371
6	甲烷八叠球菌属	−0.407	−0.290	0.284	0.275	0.346	0.281	−0.110	0.167	−0.108	0.014	−0.080	−0.052	0.103
7	*Candidatus Nitrososphaera*	0.252	0.384	0.110	0.479	0.282	0.221	0.048	0.168	−0.086	0.284	0.136	0.381	0.298
8	甲烷鬃菌属	−0.562*	−0.137	0.351	0.297	0.381	0.341	−0.223	0.207	−0.200	−0.072	−0.189	−0.134	0.057
9	unidentified *Woesearchaeota*	−0.293	−0.108	0.019	−0.057	−0.018	−0.021	−0.218	−0.050	−0.104	−0.185	−0.127	−0.145	−0.207
10	*Candidatus Methanoplasma*	−0.463	−0.109	0.068	−0.110	−0.009	0.026	−0.265	0.091	−0.103	−0.312	−0.257	−0.243	−0.332

附表 A5　A 系统优势古菌类群之间的皮尔森相关系数

序号	古菌优势类群	unidentified *Bathyarchaeota*	甲烷杆菌属	*Candidatus Nitrososphaera*	甲烷马赛球菌属	甲烷短杆菌属	甲烷八叠球菌属	甲烷粒菌属	甲烷球形菌属	甲烷鬃菌属
11	unidentified *Bathyarchaeota*	1	0.802^{**}	-0.763^{**}	0.608^{*}	0.426	−0.040	−0.252	0.864^{**}	−0.048
12	甲烷杆菌属	—	1	−0.527	0.289	0.545	−0.394	-0.641^{*}	0.671^{*}	−0.369
13	*Candidatus Nitrososphaera*	—	—	1	-0.565^{*}	−0.164	0.058	0.119	-0.561^{*}	−0.092
14	甲烷马赛球菌属	—	—	—	1	−0.132	0.318	0.019	0.590^{*}	0.149
15	甲烷短杆菌属	—	—	—	—	1	0.163	0.030	0.458	0.228
16	甲烷八叠球菌属	—	—	—	—	—	1	0.828^{**}	0.132	0.781^{**}
17	甲烷粒菌属	—	—	—	—	—	—	1	−0.242	0.907^{**}
18	甲烷球形菌属	—	—	—	—	—	—	—	1	−0.099
19	甲烷鬃菌属	—	—	—	—	—	—	—	—	1

附表 B5 B 系统优势古菌类群之间的皮尔森相关系数

项目	B-a1	B-a2	B-a3	B-a4	B-a5	B-a6	B-a7	B-a8	B-a9	B-a10	B-a11	B-a12	B-a13	B-a14
B-a1	1	0.502*	0.471	−0.191	0.045	0.741**	−0.211	0.497*	−0.240	0.690**	0.115	0.339	−0.054	0.355
B-a2	—	1	0.289	0.400	−0.097	0.180	0.409	0.302	−0.694**	0.413	0.465	0.042	0.387	0.090
B-a3	—	—	1	−0.520*	0.299	0.160	−0.314	−0.014	−0.029	0.702**	−0.461	−0.119	0.181	0.413
B-a4	—	—	—	1	−0.447	0.038	0.341	0.201	−0.413	−0.228	0.606**	0.218	0.071	−0.165
B-a5	—	—	—	—	1	0.128	0.155	0.253	0.600*	0.126	−0.102	−0.002	−0.025	0.171
B-a6	—	—	—	—	—	1	−0.320	0.507*	0.072	0.588*	0.043	0.723**	−0.164	0.427
B-a7	—	—	—	—	—	—	1	0.045	−0.443	−0.335	0.434	−0.256	0.128	−0.445
B-a8	—	—	—	—	—	—	—	1	0.055	0.162	0.645**	0.203	−0.380	0.270
B-a9	—	—	—	—	—	—	—	—	1	−0.146	−0.277	0.140	−0.304	0.244
B-a10	—	—	—	—	—	—	—	—	—	1	−0.195	0.219	0.365	0.581*
B-a11	—	—	—	—	—	—	—	—	—	—	1	−0.015	−0.120	−0.109
B-a12	—	—	—	—	—	—	—	—	—	—	—	1	−0.164	0.364
B-a13	—	—	—	—	—	—	—	—	—	—	—	—	1	−0.202
B-a14	—	—	—	—	—	—	—	—	—	—	—	—	—	1

注：B-a1 至 B-a14 表示的是 B 系统中平均相对丰度前 14 位的古菌属（参见附表 B4）。

附表 C5　C 系统优势古菌类群之间的皮尔森相关系数

项目	C-a1	C-a2	C-a3	C-a4	C-a5	C-a6	C-a7	C-a8	C-a9	C-a10
C-a1	1	−0.280	0.911**	0.659**	0.945**	−0.219	−0.147	0.076	0.359	0.168
C-a2	—	1	−0.302	−0.134	−0.090	0.996**	−0.110	0.801**	−0.133	−0.024
C-a3	—	—	1	0.471	0.867**	−0.244	−0.135	0.120	0.475	0.289
C-a4	—	—	—	1	0.578*	−0.099	−0.130	−0.177	−0.027	−0.137
C-a5	—	—	—	—	1	−0.024	−0.112	0.253	0.357	0.201
C-a6	—	—	—	—	—	1	−0.097	0.836**	−0.112	−0.019
C-a7	—	—	—	—	—	—	1	−0.127	−0.112	−0.178
C-a8	—	—	—	—	—	—	—	1	0.257	0.261
C-a9	—	—	—	—	—	—	—	—	1	0.925**
C-a10	—	—	—	—	—	—	—	—	—	1

备注：C-a1 至 C-a10 表示的是 C 系统中平均相对丰度前 10 位的古菌属（参见附表 C4）。

附表 A6 A 系统优势细菌属与优势古菌属之间的皮尔森相关系数

细菌类群	unidentified *Bathyarchaeota*	甲烷杆菌属	*Candidatus Nitrososphaera*	甲烷马赛球菌属	甲烷短杆菌属	甲烷八叠球菌属	甲烷粒菌属	甲烷球形菌属	甲烷鬃菌属
梭状芽孢杆菌属	0.281	0.611*	−0.216	0.048	0.192	−0.473	−0.715**	0.405	−0.521
地孢子杆菌属	0.350	0.634*	−0.414	0.121	0.107	−0.373	−0.687**	0.390	−0.502
链球菌属	0.415	0.712**	−0.224	−0.246	0.474	−0.488	−0.554*	0.344	−0.324
vadinBC27 wastewater-sludge group	−0.041	−0.493	−0.361	0.210	−0.178	0.427	0.650*	−0.116	0.542
unidentified *Synergistaceae*	0.082	−0.190	−0.412	0.502	−0.393	0.082	0.116	−0.045	0.153
弧菌属	−0.605*	−0.445	0.892**	−0.476	−0.093	0.191	0.200	−0.490	−0.044
罗姆布茨菌属	0.427	0.680*	−0.462	0.156	0.098	−0.374	−0.683*	0.430	−0.503
苏黎世杆菌属	0.313	0.346	−0.511	0.335	−0.331	−0.292	−0.491	0.281	−0.360
克里斯滕森菌属	0.194	−0.227	−0.534	0.710**	−0.524	0.226	0.262	0.117	0.253
乳杆菌属	0.455	0.716**	−0.236	−0.241	0.504	−0.464	−0.517	0.370	−0.290
Atopostipes	0.500	0.736**	−0.198	−0.217	0.900**	−0.195	−0.336	0.513	−0.139
嗜蛋白质菌属	0.103	−0.173	−0.428	0.118	−0.288	0.058	0.329	−0.129	0.417
Petrimonas	0.141	−0.310	−0.437	0.312	−0.181	0.294	0.584*	−0.064	0.629*
长杆菌属	0.159	0.204	−0.085	0.345	−0.372	−0.344	−0.353	0.090	−0.207
Fastidiosipila	0.147	−0.299	−0.308	0.613*	−0.436	0.279	0.325	0.172	0.243
瘤胃球菌属	0.021	0.166	−0.072	0.112	−0.429	−0.477	−0.442	−0.007	−0.298
Sedimentibacter	−0.147	−0.569*	−0.216	0.417	−0.375	0.453	0.604*	−0.164	0.500
假单胞菌属	−0.309	−0.625*	0.000	−0.212	−0.036	0.414	0.720**	−0.335	0.507
瘤胃梭菌属	−0.154	−0.302	−0.057	0.303	−0.515	−0.050	0.137	−0.188	0.164
Anaerovorax	−0.029	−0.415	−0.379	0.443	−0.432	0.264	0.311	−0.019	0.171
互营单胞菌属	0.264	−0.115	−0.482	0.751**	−0.406	0.242	0.210	0.153	0.169
解纤维素菌属	−0.074	−0.309	−0.123	0.151	−0.596*	0.042	0.048	0.068	−0.094
螺旋体属	0.335	0.170	−0.273	0.560*	−0.310	−0.259	−0.233	0.207	−0.083
组织菌属	0.486	0.677*	−0.188	−0.203	0.882**	−0.125	−0.295	0.576*	−0.131
盐单胞菌属	−0.658*	−0.474	0.936**	−0.512	−0.113	0.158	0.182	−0.521	−0.060

附表 B6　B 系统优势细菌属与优势古菌属之间的皮尔森相关系数

项目	B-a1	B-a2	B-a3	B-a4	B-a5	B-a6	B-a7	B-a8	B-a9	B-a10	B-a11	B-a12	B-a13	B-a14
B-b1	−0.026	0.389	−0.278	0.700**	−0.556*	0.089	0.215	0.171	−0.526*	−0.074	0.318	0.158	0.110	−0.233
B-b2	−0.205	0.258	−0.438	0.628**	−0.244	0.056	0.355	0.291	−0.335	−0.292	0.415	0.147	−0.061	−0.222
B-b3	0.007	−0.269	0.021	−0.298	0.202	0.118	0.160	0.030	0.018	−0.097	−0.123	0.228	−0.366	−0.045
B-b4	−0.260	0.195	−0.484*	0.521*	−0.120	−0.001	0.530*	0.222	−0.340	−0.323	0.359	0.088	0.003	−0.311
B-b5	0.505*	0.018	0.864**	−0.646**	0.341	0.348	−0.639**	0.019	0.246	0.675**	−0.522*	0.109	0.096	0.480
B-b6	−0.144	−0.561*	−0.087	−0.281	0.159	−0.073	−0.351	−0.280	0.609**	−0.297	−0.320	0.066	−0.361	0.057
B-b7	−0.348	−0.564*	−0.228	−0.214	0.213	−0.289	−0.276	−0.172	0.681**	−0.325	−0.092	−0.194	−0.238	0.182
B-b8	0.626**	0.151	0.824**	−0.665**	0.418	0.389	−0.482	0.141	0.193	0.644**	−0.385	0.177	0.087	0.402
B-b9	0.410	0.336	0.839**	−0.420	0.082	0.091	−0.323	−0.258	−0.164	0.790**	−0.439	−0.131	0.571*	0.301
B-b10	−0.031	−0.458	−0.362	−0.412	0.303	−0.041	0.027	−0.003	0.417	−0.303	0.040	0.012	−0.307	0.041
B-b11	0.147	0.046	−0.450	0.023	0.153	0.026	0.486*	0.320	−0.018	−0.399	0.571*	0.026	−0.363	−0.395
B-b12	0.097	0.217	−0.255	0.415	−0.228	0.125	0.424	0.175	−0.413	−0.297	0.255	0.241	−0.178	−0.573*
B-b13	−0.494*	0.124	−0.732**	0.632**	−0.284	−0.441	0.748**	−0.060	−0.339	−0.618**	0.500*	−0.264	0.027	−0.513*
B-b14	−0.532*	−0.600*	−0.320	0.157	−0.085	−0.223	−0.369	−0.187	0.474	−0.375	−0.094	−0.123	−0.246	0.019
B-b15	−0.134	0.059	−0.441	0.061	0.029	−0.192	0.740**	0.137	−0.287	−0.387	0.397	−0.204	−0.154	−0.425
B-b16	−0.268	−0.117	−0.161	−0.008	−0.044	−0.227	0.041	−0.025	−0.046	0.029	0.161	−0.423	0.292	−0.013
B-b17	0.146	−0.478	−0.048	−0.553*	0.462	0.137	−0.256	0.148	0.611**	−0.147	−0.064	0.148	−0.486*	0.225
B-b18	−0.046	0.083	−0.755**	0.444	−0.200	−0.014	0.532*	0.175	−0.190	−0.490*	0.534*	−0.015	−0.188	−0.388
B-b19	0.213	0.196	0.049	0.088	0.298	0.379	−0.171	0.305	0.259	0.234	0.136	0.291	0.107	0.334
B-b20	−0.407	−0.470	−0.528*	0.014	0.074	−0.339	−0.079	−0.145	0.529*	−0.514*	0.120	−0.142	−0.172	−0.033
B-b21	0.388	0.336	0.917**	−0.427	0.143	0.052	−0.288	−0.198	−0.139	0.773**	−0.413	−0.215	0.419	0.352
B-b22	−0.526*	−0.036	−0.656**	0.667**	−0.454	−0.402	0.537*	−0.199	−0.363	−0.617**	0.271	−0.110	−0.062	−0.509*
B-b23	0.368	0.324	0.828**	−0.394	0.075	0.047	−0.298	−0.276	−0.161	0.781**	−0.413	−0.182	0.553*	0.300
B-b24	0.019	−0.442	−0.102	−0.449	0.331	0.051	−0.001	0.035	0.293	−0.053	−0.017	−0.065	−0.282	0.073

注：B-a1 至 B-a14 表示的是 B 系统中平均相对丰度前 14 位的古菌属；B-b1 至 B-b24 表示的是 B 系统中平均相对丰度前 24 位的细菌属。细菌参考附表 B2，古菌参考附表 B4。

附表 C6　C 系统优势细菌属与优势古菌属之间的皮尔森相关系数

项目	C-b1	C-b2	C-b3	C-b4	C-b5	C-b6	C-b7	C-b8	C-b9	C-b10	C-b11	C-b12	C-b13	C-b14	C-b15	C-b16	C-b17	C-b18	C-b19	C-b20
C-a1	−0.028	0.496*	0.367	−0.145	−0.245	0.232	−0.203	0.331	−0.363	−0.034	0.194	−0.636**	−0.438	−0.312	−0.407	−0.555*	−0.349	0.159	−0.205	−0.397
C-a2	−0.796**	0.272	0.636**	−0.495*	−0.485*	0.222	0.941**	−0.536*	−0.458	0.022	0.177	0.597*	0.920**	0.989**	−0.233	0.108	−0.158	−0.176	−0.147	0.094
C-a3	−0.046	0.525*	0.414	−0.068	−0.211	0.104	−0.217	0.151	−0.309	−0.087	0.027	−0.764**	−0.434	−0.365	−0.269	−0.414	−0.240	0.039	−0.247	−0.433
C-a4	−0.030	0.189	0.024	−0.446	−0.034	0.689**	0.023	0.605*	−0.148	0.167	0.613**	−0.172	−0.247	−0.066	−0.467	−0.785**	−0.402	0.414	0.025	−0.259
C-a5	−0.137	0.547*	0.463	−0.218	−0.279	0.178	−0.027	0.151	−0.387	−0.010	0.102	−0.505*	−0.246	−0.134	−0.423	−0.462	−0.342	−0.041	−0.166	−0.324
C-a6	−0.817**	0.342	0.678**	−0.528*	−0.511*	0.246	0.941**	−0.525*	−0.492*	0.036	0.191	0.554*	0.896**	0.982**	−0.283	0.067	−0.201	−0.175	−0.144	0.060
C-a7	−0.175	0.308	−0.064	0.000	0.280	0.185	0.031	0.113	0.208	0.654**	0.137	−0.004	−0.142	−0.084	−0.166	0.018	−0.180	−0.053	0.677**	0.256
C-a8	−0.763**	0.585*	0.851**	−0.395	−0.609**	0.019	0.699**	−0.616**	−0.614**	−0.101	−0.025	0.138	0.630**	0.725**	−0.287	0.068	−0.189	−0.246	−0.299	−0.154
C-a9	0.023	0.240	0.173	0.159	0.102	−0.346	−0.193	−0.302	0.048	−0.072	−0.322	−0.408	−0.204	−0.234	−0.076	−0.039	0.015	−0.153	−0.251	−0.320
C-a10	0.071	0.072	0.082	0.173	0.139	−0.432	−0.149	−0.432	0.082	−0.212	−0.378	−0.287	−0.067	−0.123	−0.012	0.093	0.104	−0.169	−0.328	−0.333

注：C-a1 至 C-a10 表示的是 C 系统中平均相对丰度前 10 位的古菌属；C-b1 至 C-b20 表示的是 C 系统中平均相对丰度前 20 位的细菌属。细菌参考附表 C2，古菌参考附表 C4。

第 4 章
低温沼气发酵综合分析与讨论

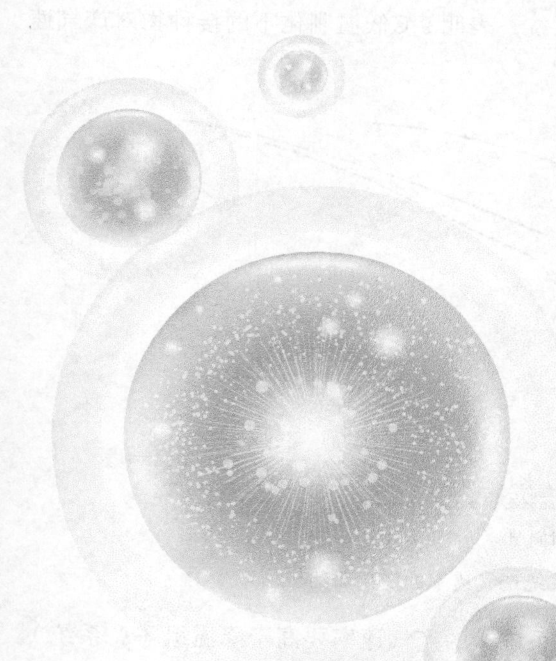

4.1 不同低温沼气发酵系统的产气性能比较研究
4.2 氨氮对低温沼气发酵系统的影响
4.3 乙酸、丙酸对低温沼气发酵系统的影响
4.4 低温沼气发酵系统中的微生物类群
4.5 批量式沼气发酵系统中微生物群落的动态变化
4.6 低温产甲烷菌研究讨论
4.7 低温沼气发酵食物链的构建研究
4.8 云南沼气发酵生态系统中微生物的群落结构
4.9 不同温度类型沼气发酵系统中微生物的群落结构
4.10 低温沼气发酵系统中乙酸的利用途径分析
4.11 低温沼气发酵系统中的反硝化细菌假单胞菌属

4.1 不同低温沼气发酵系统的产气性能比较研究

4.1.1 不同低温沼气发酵系统产气速率比较研究

图 4.1 为不同低温沼气发酵系统的产气速率随发酵时间的变化曲线。由该图可知，A 系统在不同发酵时期的产气速率始终高于 B 系统，表明本书研究中 15℃低温驯化下的接种物相比 9℃低温驯化下的接种物，具有更佳的产气速率提升效果。在启动后至第 60d 左右的发酵时期内，A 系统的产气速率要低于 C 系统的产气速率，随后，由于 C 系统的沼气发酵受到严重抑制，导致 A 系统的产气速率又高于 C 系统。B 系统的产气速率始终低于 A 系统和 C 系统，表明 9℃低温驯化下的接种物对产气速率的提升效果较差。

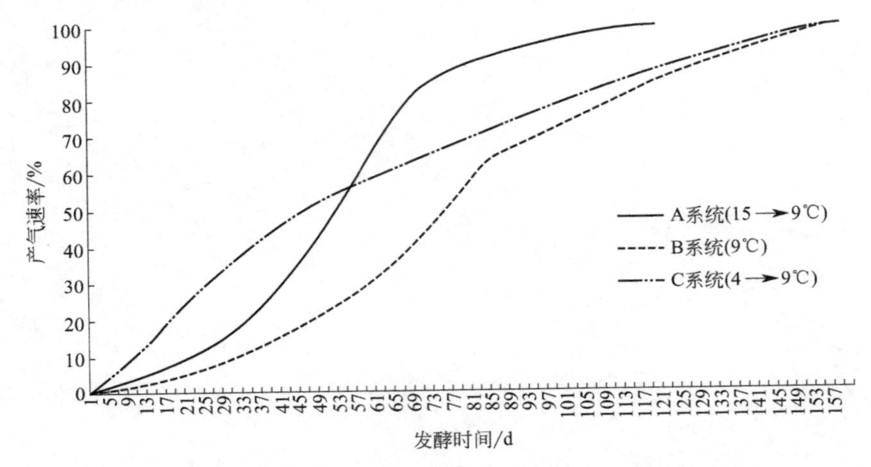

图 4.1　不同低温沼气发酵系统产气速率的变化曲线

在正常沼气发酵时期内，升温组（C 系统）的产气速率要高于降温组（A 系统）的产气速率，这与李晓萍等学者[213]的研究结果相同。李晓萍等设计了升温发酵组（从 25℃升至 35℃）、恒温发酵组（25℃）以及降温发酵组（从 35℃降至 25℃），考查了温度变化对产气速率的影响，结果表明升温组对产气速率的提升效果要明显优于降温组和恒温组。这是由于沼气发酵微生物的代谢活动与温度有着密切的关系，在一定范围内，温度的升高对微生物的代谢能力具有明显的促进作用，有利于提升产气速率。

4.1.2 不同低温沼气发酵系统沼气产量、 CH_4 产量比较研究

鉴于 C 系统的沼气发酵受到严重抑制，本小节重点讨论 A 系统和 B 系统的沼气产量和 CH_4 产量。由第 3 章可知，A 系统的沼气产量和 CH_4 产量分别为 68650mL

和 31191mL，B 系统的沼气产量和 CH_4 产量分别为 61750mL 和 20906mL；A 系统的沼气产量和 CH_4 产量分别比 B 系统的高了 11.17%和 49.20%；表明 A 系统的沼气和 CH_4 生产能力要明显高于 B 系统的。

沼气和 CH_4 的生产能力与沼气发酵微生物的群落丰度密切相关，本书研究显示，A 系统发酵启动时的细菌和古菌 OTU 数目分别 1174 个和 797 个（参见第 3 章），B 系统发酵启动时的细菌和古菌 OTU 数目分别 1076 个和 646 个（参见第 3 章），表明 15℃低温接种物比 9℃低温接种物具有更丰富的沼气发酵微生物群落丰度。可用 van Lier 等学者[214]的研究来解释这一现象；van Lier 等研究了低温微生物在 0～20℃范围内的相对生长速率，发现低温微生物在 15～17℃之间具有最高的生长速率（约 20%），而 10℃左右时的生长速率约为 10%，5℃左右时的生长速率约为 5%；结合本书研究，15℃低温驯化下的接种物相比 9℃低温驯化下的接种物，能驯化富集得到具有更高丰度的沼气发酵微生物。

4.2 氨氮对低温沼气发酵系统的影响

本书的研究中，A 系统不同发酵时期发酵料液中的氨氮浓度变化范围为 228～430mg/L（平均值为 340mg/L），B 系统的氨氮浓度变化范围为 423～729mg/L（平均值为 585mg/L），C 系统的氨氮浓度变化范围为 581～1415mg/L（平均值为 1070mg/L）；从 C 系统的产气情况可知（参见第 3 章），该系统的沼气发酵过程受到严重抑制。结合 Lay 等学者[215]的研究，除非对沼气发酵微生物进行高浓度氨氮驯化，否则当发酵料液中的氨氮浓度高于 500mg/L 时，沼气发酵系统运行失常，这是由于高浓度条件下，氨氮中的游离氨会毒害微生物，抑制微生物的生长和繁殖；在 C 系统中，氨氮浓度的平均值高达 1070mg/L，对沼气发酵产生了明显地毒害作用，成为导致该系统沼气发酵失常的重要因素。

4.3 乙酸、丙酸对低温沼气发酵系统的影响

在整个发酵过程中，A 系统的乙酸和丙酸平均浓度分别为 949.33mg/L 和 240.97mg/L，B 系统的分别为 1333.90mg/L 和 432.08mg/L，C 系统的分别为 4974.38mg/L 和 1187.53mg/L。相比较而言，沼气发酵受严重抑制的 C 系统具有最高的乙酸和丙酸浓度。有研究指出，当乙酸浓度小于 2000mg/L[216]、丙酸浓度小于 900mg/L 时[217]，沼气发酵系统才能稳定运行，若高于相关临界值，则乙酸和丙酸对沼气发酵会产生明显的抑制作用。C 系统的乙酸和丙酸浓度均远远高于临界值，表明高浓度的乙酸和丙酸是抑制该系统沼气发酵的重要因素。而 C 系统之所

以具有过高浓度的乙酸、丙酸和氨氮，究其原因，当将 4℃低温驯化接种物接种至发酵原料中并在 9℃条件下进行发酵时，温度的升高有力地提升了微生物的代谢活性，使得沼气发酵微生物有效利用发酵原料。而由于 4℃低温驯化接种物中还蕴藏丰富的发酵基质，代谢活性得到提高的微生物对这部分有机原料也进行利用，从而导致 C 系统中乙酸、丙酸、氨氮等浓度的累积效益要明显高于 A 系统和 B 系统，一旦超过微生物能承受的临界浓度，就会对微生物产生毒害作用，进而严重抑制了沼气发酵过程。

4.4 低温沼气发酵系统中的微生物类群

4.4.1 低温沼气发酵系统中的细菌类群

本书的研究显示，在沼气发酵运行正常的 A 系统和 B 系统中，能水解纤维素、半纤维素的细菌主要为梭状芽孢杆菌属（第一优势细菌属）；发酵（单糖）产酸菌主要为梭状芽孢杆菌属、地孢子杆菌属（第二优势细菌属）。从代谢功能的角度看，纤维素、半纤维素等大分子碳水化合物的水解发酵性细菌是本书研究低温沼气发酵系统的优势细菌类群。蛋白质水解发酵菌链球菌属和发酵（氨基酸）产酸菌理研菌科是第二大类水解发酵性细菌。弧菌属为本书研究低温沼气发酵系统中占优势的脂肪分解菌。在 A 系统和 B 系统中均发现了产氢产乙酸菌互营单胞菌属，只是其相对丰度较低；互营单胞菌属是沼气发酵系统中主要的丁酸降解菌，将丁酸通过产氢产乙酸途径生成 H_2 和乙酸。

许多学者对低温沼气发酵系统的优势水解发酵性细菌进行了考察，结果与本书研究大体一致。Seib 等[95]进行了市政污水 10℃低温沼气发酵的研究，发现梭状芽孢杆菌属是主要的优势细菌类群。Dai 等[96]以青藏高原的湿地土壤作为接种物，对纤维素和几丁质进行了 15℃低温沼气发酵的实验，结果表明梭状芽孢杆菌属是最优势的细菌属，发挥着水解发酵作用。Bialek 等[103]以奶牛场废水为原料，在 10℃条件下进行低温沼气发酵，结果显示氨基丁酸梭菌（*Clostridium aminobutyricum*）是丰度最高的细菌种。田光亮[66]以猪粪为原料，进行了 15℃低温沼气发酵实验，研究表明梭状芽孢杆菌属的相对丰度最高，并且发现水解发酵性细菌占细菌类群的绝大多数。梭状芽孢杆菌属能成为优势细菌属，与发酵环境中富含纤维素和半纤维素等大分子碳水化合物密切相关。

对 A 系统和 B 系统中的梭状芽孢杆菌属进行 BLAST 比对分析，发现该属细菌中最优势的种为食纤维梭菌（比对相似度 99%），有学者研究发现该种细菌的最适生长温度为 37℃[103]，如芮俊鹏等[218]对 13 个中温猪粪沼气工程系统中的微生物群落进行了研究，结果表明梭状芽孢杆菌为最优势的细菌类群。但在上述低温沼气发酵系统中均发现了梭状芽孢杆菌的大量存在，表明了该属细菌适应环境的能力较强。同时，有研究表明，低温沼气发酵系统的细菌类群类似于中温沼气发酵系统的，并且低温发酵条件对细菌类群的影响不明显。

4.4.2 低温沼气发酵系统中的产甲烷菌优势类群

本书研究发现，A 系统和 B 系统的优势产甲烷菌分别为甲烷杆菌属和甲烷粒菌属。

甲烷杆菌属和甲烷粒菌属均为氢营养型产甲烷菌，表明氢还原二氧化碳是本书研究低温沼气发酵系统中 CH_4 的主要生成途径，这一结果与众多学者的研究相一致。O' Reilly 等[219] 采用 EGSB 工艺，探讨了葡萄糖废水 15℃低温沼气发酵系统中的产甲烷菌群落，结果发现，氢营养型产甲烷菌甲烷粒菌属的丰度最高。Mchugh 等[220] 以富含蔗糖和挥发性脂肪酸的废水为原料，考察了发酵温度从中温 37℃降至低温 16℃过程中产甲烷菌营养类型的演替，结果表明，随着发酵温度的下降，氢营养型产甲烷菌逐渐取代乙酸营养型产甲烷菌而成为优势类群。Xing 等[97] 以蓝藻为原料，在 15℃条件下进行了低温沼气发酵，发现氢营养型的甲烷微菌目和甲烷杆菌科为优势产甲烷菌。黄江丽等[74] 对选育的低温沼气功能菌群中的产甲烷菌种群结构和数量进行了研究，并与常温沼气功能菌群进行了比较分析，表明低温沼气功能菌群中产甲烷菌以甲烷粒菌属为主。甲烷杆菌属中大部分产甲烷菌的生长温度范围为 15～55℃之间，有些菌种的最低生长温度甚至在 3.6～5℃之间，而甲烷粒菌属的生长温度范围为 15～45℃[27]，表明甲烷杆菌属和甲烷粒菌属适应冷环境的能力强，能在低温条件下有效生长和繁殖。另外， Lettinga 等[221] 研究了沼气发酵过程中主要生化反应分别在中温 37℃和低温 10℃发酵温度下的吉布斯自由能（结果参见表 4.1），发现在低温 10℃条件下氢营养型的 CH_4 生成途径需要更低的能量，这与低温时 H_2 和 CO_2 在发酵料液中具有相对更高的溶解度密切相关（导致 H_2 和 CO_2 更易于被产甲烷菌利用），比如在 10℃时，标准大气压下 1 体积水可以溶解约 1.2 体积 CO_2，而在 35℃时只能溶解约 0.6 体积 CO_2；低温 10℃条件下乙酸营养型的 CH_4 生成途径则需要更多的能量，这是由于低温导致了液体黏度的增加，降低了乙酸等可溶性化合物的扩散系数，比如扩散系数在 40℃时为 1.26，而在 10℃时为 0.57。因此，Lettinga 等从热力学角度表明，在低温条件下氢营养型是比乙酸营养型更有利的产甲烷途径。

表 4.1 乙酸、丙酸、丁酸及 H_2 厌氧转化的吉布斯自由能

反应	$\Delta G^{0'}$/kJ	
	37℃	10℃
$CH_3CH_2COO^- + 3H_2O \rightarrow CH_3COO^- + HCO_3^- + H^+ + 3H_2$	+71.8	+82.4
$CH_3CH_2CH_2COO^- + 2H_2O \rightarrow 2CH_3COO^- + H^+ + 2H_2$	+44.8	+52.7
$CH_3COO^- + H_2O \rightarrow CH_4 + HCO_3^-$	−32.5	−29.2
$4H_2 + HCO_3^- + H^+ \rightarrow CH_4 + 3H_2O$	−131.3	−140.9

相关学者的研究却显示了与本书研究不同的结果。Dong 等[222]采集了位于云南高原寒区香格里拉的农村户用沼气池中的发酵污泥（该低温沼气池的发酵温度为12℃，发酵原料为猪粪），对污泥中的微生物群落进行了高通量测序，结果显示，兼性营养型（氢和乙酸）产甲烷菌甲烷八叠球菌属为最优势的产甲烷菌。这一结果与本书研究不一致，究其原因，可能与发酵料液中的氨氮浓度有关。

McCarty 认为[223]氨氮浓度在 50～200mg/L 之间时对沼气发酵是有益的，而超过这一范围后，则对沼气发酵不利；Angelidaki 等[224]发现乙酸营养型产甲烷菌比氢营养型产甲烷菌对氨氮更为敏感，这是由于氢营养型产甲烷菌（如甲烷杆菌属）可将 NH_3 作为唯一的氮源；Wilson 等[225]发现高氨氮浓度对乙酸营养型产甲烷菌的抑制作用要强于氢营养型产甲烷菌；芮俊鹏等[218]研究了不同营养类型产甲烷菌对氨氮的耐受性，耐受程度大小依次为氢营养型产甲烷菌＞兼性营养型（氢和乙酸）产甲烷菌＞乙酸营养型产甲烷菌。在本书研究中，A 系统和 B 系统的氨氮平均浓度分别为 340mg/L 和 585mg/L，均明显高于前述香格里拉低温沼气池中发酵料液的氨氮浓度（165mg/L）。该低温沼气池能保持较低的氨氮浓度，与其发酵模式有关，户用沼气池为半连续发酵，每天或定期进料和出料，可达到定期去除氨氮的效果，而本书研究采用的批量式发酵，导致氨氮始终留在系统中，从而造成累积。

4.4.3 低温沼气发酵系统中的其他微生物类群

在 A 系统和 B 系统中均大量发现了深古菌门，该古菌是分布最为广泛的一类未培养古菌，在海洋、土壤、高温、低温等环境中广泛存在，并且数量庞大[226]。有些学者也在沼气发酵系统中发现了深古菌门：袁月祥等[227]在玉米秸秆和猪粪的混合沼气发酵系统中，Chen[228]在处理动物粪便的厌氧生物反应器中，均检测到了深古菌门； Wilkins 等[229]在饮料厂废水的生物处理反应器中发现深古菌门的丰度仅次于产甲烷菌。由于目前尚未获得深古菌门的纯培养，导致该古菌的生理功能特征还不是很清楚，但相关学者根据环境底物富集和基因表达研究，发现深古菌门能代谢 CH_4。张林宝[230]发现鄂霍次克海的天然气水合物区有明显的 CH_4 厌氧氧化现象，并指出发挥代谢 CH_4 作用的是深古菌门；Butterfield、Etto、Becker 等学者[231-233]也认为深古菌门能代谢 CH_4。

4.5 批量式沼气发酵系统中微生物群落的动态变化

本书研究表明，批量式沼气发酵系统中的微生物类群随发酵的进行呈现不断变化的现象，董明华、Hanreich、袁月祥等学者[69, 227, 234]也发现了相似的结果。这是由于批量式沼气发酵工艺是一次性投料，在发酵过程中不再补充原料，随着发酵的进行，原料不断被消耗，从而导致微生物的代谢活动逐渐减弱，并逐渐停止生长和繁殖。

本书研究发现，在批量式沼气发酵系统中，微生物对各种主要有机基质的利用有先后之分，比如，蛋白质、脂肪、可溶性糖类等有机基质主要在发酵初期被代谢，而半纤维素则在发酵中期被代谢，纤维素在发酵末期被缓慢利用。田光亮[66]在猪粪批量式沼气发酵系统中也发现，发酵初期微生物的主要代谢底物为蛋白质类化合物，而在发酵中后期，微生物主要代谢半纤维素和纤维素等大分子碳水化合物。王天光等[235]以猪粪、青草和稻草为混合发酵原料，进行了批量式发酵，结果发现发酵末期 CH_4 的产生主要来自纤维素的缓慢降解。这是因为发酵原料中各种混合基质的可溶性与被水解发酵的难易程度不一，比如糖类、氨基酸、多肽等基质为水溶性物质，半纤维素、淀粉、脂肪、蛋白质等基质为较易水解物质，纤维素、果胶、芳香族化合物等基质为不易水解物质，进而导致细菌对各种混合基质的利用有明显的时间顺序性。

4.6 低温产甲烷菌研究讨论

低温产甲烷菌分为嗜冷产甲烷菌和耐冷产甲烷菌，其中，嗜冷产甲烷菌是指最低生长温度在1～6℃，最高生长温度不超过25℃的产甲烷菌，而把在低温下能生长繁殖，但最适生长温度为30～40℃的产甲烷菌称为耐冷产甲烷菌[236]。本书研究中，A系统中优势产甲烷菌甲烷杆菌属的适宜生长温度为20～40℃[27]，B系统中优势产甲烷菌甲烷粒菌属的适宜生长温度为30～37℃[27]，根据前述低温产甲烷菌的定义，本书研究驯化获得的优势产甲烷菌为耐冷产甲烷菌。Kotsyurbenko等[98]对西伯利亚湿地（当地温度为1～3℃）中的微生物群落进行了研究，从该自然沼气系统中分离获得了一株甲烷粒菌属的耐冷产甲烷菌。Siggins、Zhang及Connaughton等学者[102, 237, 238]将中温沼气发酵活性污泥在低温下进行长期驯化，均获得了耐冷产甲烷菌。

4.7 低温沼气发酵食物链的构建研究

结合本书研究低温沼气发酵系统中环境因子之间的相关性分析以及各类群微生物的代谢功能，将本书研究得到的优势细菌类群和古菌类群对应到沼气发酵代谢过程中，推测出低温沼气发酵食物链，参见图4.2。

由图4.2可知，在沼气发酵食物链中，一方面不产甲烷菌（水解发酵性细菌、产氢产乙酸菌等）和产甲烷菌之间存在共生关系，互为对方创造维持生长繁殖所需的环境条件；另一方面，不产甲烷菌和产甲烷菌之间又相互制约，使食物链处于相对平稳的状态[27]。由图4.2及前文讨论可知：

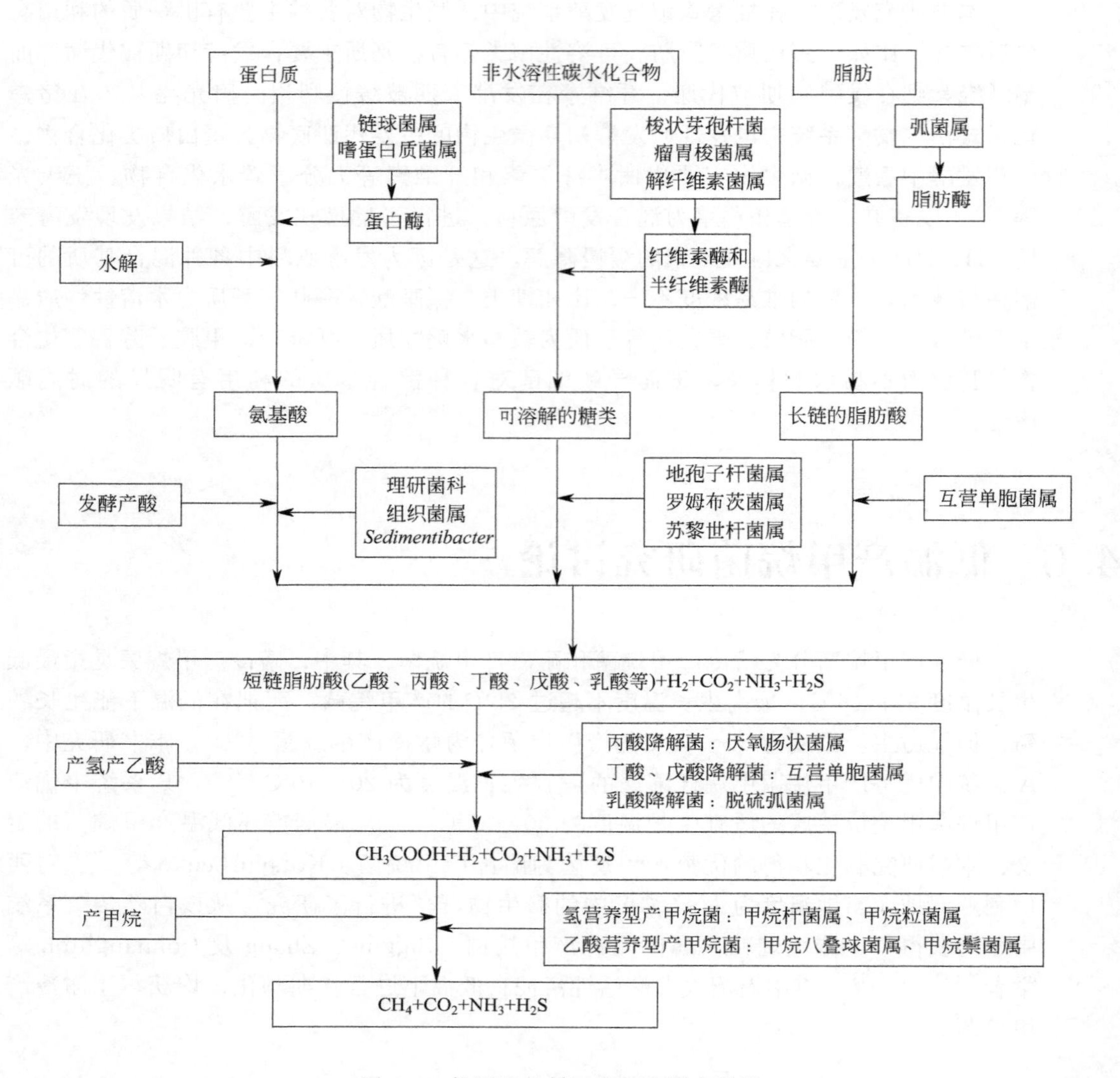

图 4.2 推测出的低温沼气发酵食物链

低温沼气发酵系统中细菌和古菌的群落结构可指示低温沼气发酵的功能（结构反映功能）。梭状芽孢杆菌属等纤维素和半纤维素水解菌、链球菌属等蛋白质水解菌以及脂肪水解菌弧菌属组成了具有水解功能的细菌群落。地孢子杆菌属等发酵单糖产酸菌、理研菌科等发酵氨基酸产酸菌以及互营单胞菌属等长链脂肪酸降解菌构成了具有发酵产氢产酸功能的细菌群落，这两大类细菌群落共同发挥了水解发酵作用，具有“启动”食物链的功能，因而也成了沼气发酵的限速因子。丙酸降解菌厌氧肠状菌属、丁酸/戊酸降解菌互营单胞菌属以及乳酸降解菌脱硫弧菌属等组成了具有产氢产乙酸功能的细菌群落，在食物链中发挥着承上启下的重要作用。甲烷杆菌属、甲烷粒菌属等氢营养型产甲烷菌以及甲烷八叠球菌属、甲烷鬃菌属等乙酸营养型产甲烷菌构成了具有产甲烷功能的古菌群落并处于食物链的末端，是核心的沼气发酵微生物。

低温沼气发酵系统中细菌和古菌的群落多样性可指示低温沼气发酵的效果（多样性反映效果）。在细菌和古菌的群落结构相似的情况下，沼气发酵效果的好坏可由群落多样性判断。以本书研究的 A 系统和 B 系统为例，A 系统整个发酵过程的细菌 OTU 平均数目和古菌 OTU 平均数目分别为 1215 个和 787 个，均多于 B 系统的 968 个和 758 个，表明 A 系统中细菌和古菌的群落多样性要高于 B 系统，而从前文也可知 A 系统的产气效果要好于 B 系统。

4.8 云南沼气发酵生态系统中微生物的群落结构

本书研究以 9℃低温沼气发酵系统（前述 B 系统）为研究对象，构建了云南北部（年平均气温＜9℃[239]）沼气发酵模拟系统（发酵温度为 9℃），与 Tian 等构建的云南中部（年平均气温约 15℃[239]）沼气发酵模拟系统（发酵温度为 15℃）[70]，以及 Dong 等构建的云南南部（年平均气温＞21℃[239]）沼气发酵模拟系统（发酵温度为 21℃）[222]，共同构成了云南 3 个代表性气候样区（温带、亚热带及热带）的沼气发酵模拟系统。这三个模拟系统均以猪粪为发酵原料，发酵模式均为批量式工艺。细菌高通量测序结果表明，三个模拟系统的优势细菌属均为纤维素和半纤维素的分解菌梭状芽孢杆菌属，这一方面与猪粪原料富含纤维素、半纤维素有关，另一方面是由于梭状芽孢杆菌属适应温度变化的能力较强。古菌高通量测序结果表明，云南南部沼气发酵模拟系统、云南中部沼气发酵模拟系统及云南北部沼气发酵模拟系统的优势古菌属分别为甲烷鬃菌属（乙酸营养型）、甲烷杆菌属（氢营养型）及甲烷粒菌属（氢营养型），表明温度能影响云南不同气候样区沼气发酵系统中产甲烷菌的类群及营养类型。

4.9 不同温度类型沼气发酵系统中微生物的群落结构

以畜禽粪便、秸秆及蔬菜废叶等富含纤维素和半纤维素的废弃物为发酵原料时，不同温度类型的沼气发酵系统具有相似的细菌类群和不同的产甲烷菌群。

在低温沼气发酵系统中，主要的细菌类群为梭状芽孢杆菌属，主要的产甲烷菌为甲烷杆菌属与甲烷粒菌属等氢营养型产甲烷菌（参见 4.4 节的讨论）。在中温沼气发酵系统中，优势或绝对优势的细菌类群为分解纤维素和半纤维素的梭菌目细菌，优势的产甲烷菌群为氢营养型产甲烷菌和乙酸营养型产甲烷菌[53, 66, 234, 240, 241]。在高温沼气发酵系统中，优势的细菌类群为梭状芽孢杆菌属，乙酸营养型产甲烷菌为主要的产甲烷菌群[66, 242-245]。而在微生物多样性的大小方面，中温沼气发酵系统＞低温沼气发酵系统＞高温沼气发酵系统[66, 246]，这是由于中温微生物的适宜生长温度范围（20～40℃）要比低温微生物（4～20℃）和高温微生物（50～60℃）的更宽泛[221]。

不同温度类型的沼气发酵系统之所以具有相似的细菌类群，一方面是由于均采用了富含纤维素和半纤维素的发酵原料，而梭状芽孢杆菌属是最主要的纤维素和半纤维素分解菌；另一方面是由于梭状芽孢杆菌属的生长温度范围很宽（最高生长温度可达69℃）[247]，温度对该属细菌的影响较小。

不同温度类型的沼气发酵系统之所以具有不同营养类型的产甲烷菌，原因可能是氢营养型甲烷生成途径在低温条件下需要更低的吉布斯自由能[221]，更有利于氢营养型产甲烷菌的生存，而低温时乙酸在发酵料液中的扩散性较差，导致乙酸营养型甲烷生成途径在低温下则需要更高的能量[221]，不利于乙酸营养型产甲烷菌的代谢。在中、高温环境时，一方面 CO_2 在发酵料液中的溶解度相比低温时分别降低了 50% 和 75%，因而不利于氢还原二氧化碳的甲烷生成途径，进而抑制了氢营养型产甲烷菌的生存，另一方面乙酸营养型产甲烷途径在中、高温条件下的吉布斯自由能要更低（与低温时相比）[221]，从而更有利于乙酸营养型产甲烷菌的生存代谢。

4.10 低温沼气发酵系统中乙酸的利用途径分析

由前文可知，在运行正常的低温沼气发酵系统 A 和系统 B 中，氢营养型产甲烷菌是优势的产甲烷菌，表明系统中 CH_4 的产生主要来自 H_2 和 CO_2。但在 A 系统和 B 系统中，也发现了水解发酵阶段和产氢产乙酸阶段的乙酸产物能被有效利用的情况（参见前文），这与系统中存在能利用乙酸的产甲烷菌甲烷八叠球菌属和甲烷鬃菌属有关，然而这两类乙酸营养型产甲烷菌却不是绝对优势的产甲烷菌（在 A 系统和 B 系统中的平均丰度分别为 0.6%和 2.03%），对乙酸的利用有限，因此，系统中应该还存在着能利用乙酸的微生物。

A 系统和 B 系统的优势产甲烷菌属分别为氢营养型的甲烷杆菌属与甲烷粒菌属，经 OTU 比对，具体的第一优势产甲烷菌种分别为北京甲烷杆菌和中国甲烷粒菌，乙酸虽然不能被这两种产甲烷菌代谢生成甲烷，却是这两种产甲烷菌生长和繁殖所必需的营养成分，乙酸可能刺激了北京甲烷杆菌和中国甲烷粒菌的菌株生长[27]。

沃斯古菌门是 A 系统和 B 系统中普遍存在的古菌，平均丰度分别为 4.14%和 0.26%。目前沃斯古菌门的生理代谢特征还不是很清楚，但已有相关研究表明该门古菌对乙酸具有较强的利用能力[197]，因此，本书的研究推测沃斯古菌门参与消耗了 A 系统和 B 系统中的乙酸。

另外，本书的研究还发现光合细菌普遍存在于 A 系统和 B 系统中，如沼泽红假单孢菌（*Rhodopseudomonas palustris*）、泥生绿菌（*Chlorobium limicola*）。有学者指出光合细菌和产甲烷古菌均生存于厌氧环境中，这两类菌群之间应该存在着某种

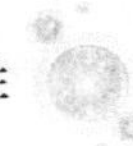

生态关系，但这方面的研究较少。范鏖等[248]研究发现，在光照、厌氧的条件下，光合细菌沼泽红假单孢菌和泥生绿菌能将乙酸代谢为 H_2 和 CO_2，进而提供给甲酸甲烷杆菌和嗜树木甲烷短杆菌作为生产 CH_4 的代谢基质，从而证明了光合细菌和产甲烷古菌之间存在着代谢偶联。

综上，本书的研究推断：在低温沼气发酵系统中，众多细菌和古菌共同参与了乙酸的利用，而并非只有乙酸营养型产甲烷途径这一条。

4.11 低温沼气发酵系统中的反硝化细菌假单胞菌属

本书研究的三个低温沼气发酵系统中均发现了反硝化细菌假单胞菌属，且随着发酵料液中氨氮浓度的升高，假单胞菌属逐渐成为优势细菌属。A 系统、B 系统和 C 系统整个发酵过程的氨氮浓度平均值分别为 340mg/L、585mg/L 和 1070mg/L，相对应的假单胞菌属分别为第十八优势细菌属、第十六优势细菌属和第一优势细菌属，表明高氨氮浓度有利于假单胞菌属的生长繁殖。经 OTU 比对，假单胞菌属中丰度最高的菌种为淤泥假单胞菌（参见前文）。

在 C 系统中，反硝化细菌淤泥假单胞菌经反硝化代谢生成了 N_2，而此时淤泥假单胞菌又处于高氨氮浓度环境中，该菌种是否也利用了氨氮（相关性分析显示：氨氮浓度的变化与淤泥假单胞菌相关，氨氮浓度与 N_2 产量呈显著正相关），是值得讨论的一个问题。胡宝兰等[249]经过五年的努力从厌氧氨氧化反应器中分离获得一株反硝化细菌门多萨假单胞菌（*Pseudomonas mendocina*），该菌种既能利用硝酸盐/亚硝酸盐产生 N_2，同时也有效利用了氨，证明了该反硝化细菌也同时具有厌氧氨氧化能力（$NH_4^+ + NO_2^- \longrightarrow N_2 + 2H_2O$）[250]。由于目前已知的厌氧氨氧化细菌菌种资源较少，且厌氧氨氧化细菌的倍增时间长达 11d[251]，导致其生长繁殖缓慢，因此，根据胡宝兰等学者的研究启发，若能证明淤泥假单胞菌也具有厌氧氨氧化活性，则可以进一步挖掘具备厌氧氨氧化能力的菌种资源，为厌氧氨氧化工艺的工程应用提供更多的微生物资源。

第5章
总结与展望

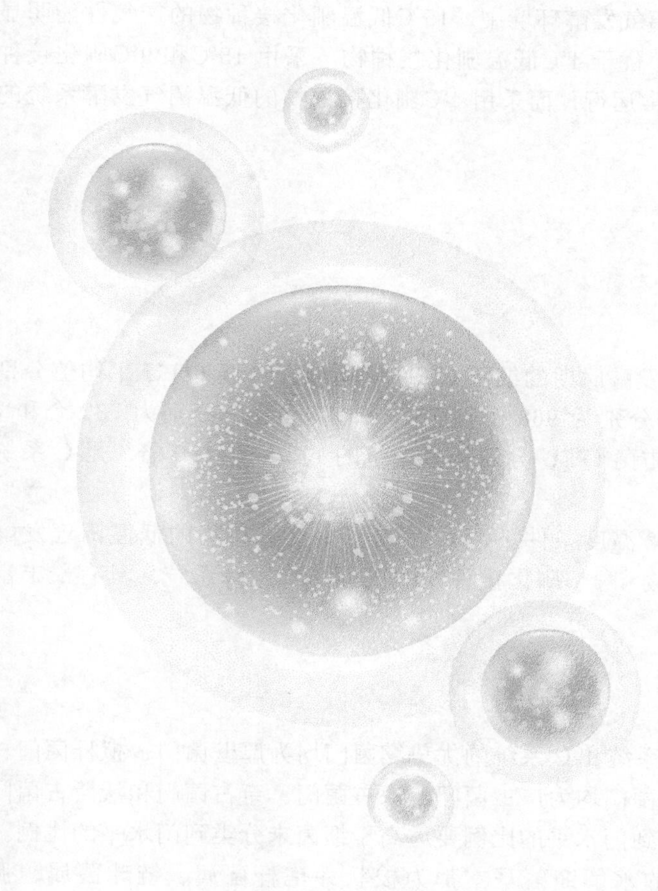

5.1 低温沼气发酵微生物群落结构多样性分析的研究结论

5.1.1 非生物因子

主要结果：A 系统、B 系统和 C 系统等三个低温沼气发酵系统的发酵时间分别为 120d、160d 及 160d；总产气量分别为 68650mL、61750mL 及 19150mL，CH_4 产量分别为 31191mL、20906mL 及 3031mL；A 系统的总产气量分别是 B 系统和 C 系统的 1.1 倍和 3.6 倍，A 系统的 CH_4 产量分别是 B 系统和 C 系统的 1.5 倍和 10.3 倍。

获得结论：在 9℃低温沼气发酵环境中，15℃低温驯化接种物的产气性能明显优于 9℃低温驯化接种物，显著优于 4℃低温驯化接种物。采用 15℃和 9℃驯化接种物的低温沼气发酵系统能够正常运行，而采用 4℃驯化接种物的低温沼气发酵系统的运行是失常的。

5.1.2 生物因子

5.1.2.1 微生物群落丰度

主要结果：A 系统不同发酵时期的细菌 OTU 平均值和古菌 OTU 平均值分别为 1215 个和 787 个，B 系统的分别为 968 个和 758 个，C 系统的分别为 732 个和 720 个；A 系统的细菌 OTU 和古菌 OTU 分别是 B 系统的 1.3 倍和 1.0 倍，是 C 系统的 1.7 倍和 1.1 倍。

获得结论：在 9℃的发酵温度条件下，采用 15℃驯化接种物的低温沼气发酵系统，相比采用 9℃驯化接种物和 4℃驯化接种物的低温沼气发酵系统，具有最丰富的细菌和古菌群落丰度。

5.1.2.2 微生物群落结构

主要结果：A 系统、B 系统和 C 系统的优势细菌门均为厚壁菌门、拟杆菌门、变形菌门和互养菌门，优势古菌门均为广古菌门、深古菌门、奇古菌门和沃斯古菌门。在三个系统中，古菌未分类到门水平的比例要远高于细菌未分类到门水平的比例。在 A 系统和 B 系统中，优势的水解细菌基本都为梭状芽孢杆菌属、链球菌属、弧菌属，优势的发酵产酸菌基本均为地孢子杆菌属、苏黎世杆菌属、*vadinBC27 wastewater-sludge group*，优势的产氢产乙酸菌为互营单胞菌属，优势的产甲烷菌为甲烷杆菌属和甲烷粒菌属。而在 C 系统中，优势的细菌属为假单胞菌属、梭状芽孢杆菌属、地孢子杆菌属，优势的古菌属为甲烷球形菌属。

获得结论：在运行正常的低温沼气发酵系统中，纤维素（半纤维素）水解菌、蛋白质水解菌和脂肪水解菌是优势的水解细菌，单糖分解菌和氨基酸分解菌是优势的发

酵产酸细菌，氢营养型产甲烷菌是优势的产甲烷菌，这些沼气发酵微生物构成了稳定的低温沼气发酵食物链。在运行失常的低温沼气发酵系统中，水解发酵过程、产氢产乙酸过程和产甲烷过程均受到严重抑制；而反硝化细菌是优势的细菌类群，系统所产气体以 N_2 为主。

5.1.2.3 微生物群落动态

主要结果：在A系统中，梭状芽孢杆菌属的相对丰度在发酵第60d时达到最高峰，其后在发酵第90～100d时再次达到高峰；链球菌属的相对丰度在发酵第20d时达到高峰；弧菌属的相对丰度最高峰出现在发酵第10d；苏黎世杆菌属的相对丰度高峰主要出现在发酵第20d和40d时；甲烷杆菌属的相对丰度在发酵第20d、50d及70d达到高峰。在B系统中，梭状芽孢杆菌属的相对丰度最高峰出现在发酵第100d时，次高峰出现在发酵第140～150d；链球菌属的相对丰度最高峰出现在发酵启动后至第30d时；地孢子杆菌属相对丰度的第一个高峰期出现在发酵启动后至第60d之间，最高峰出现在发酵第110d，次高峰出现在发酵第140d时；甲烷粒菌属的相对丰度分别在发酵第30d、50d及150d时达到高峰。

获得结论：在运行正常的低温沼气发酵系统中，纤维素、半纤维素、蛋白质及脂肪等非水溶性大分子有机基质的水解顺序为脂肪＞蛋白质＞半纤维素＞纤维素，即脂肪和蛋白质主要在发酵初期被水解，半纤维素主要在发酵中期被水解，纤维素的水解则发生在发酵末期；单糖发酵产酸菌的代谢高峰主要出现在发酵初期和中期；氢营养型产甲烷菌主要在发酵初期和中期大量活动。

综合上述，根据非生物因子和生物因子所获得的结论，可得知本书研究的主要结论：在15℃低温条件下驯化接种物，可获得耐冷、高效的沼气发酵微生物类群，为提高低温沼气发酵系统的效率提供了一条实用、有效的理论与技术方法。

5.2 低温沼气发酵微生物群落结构多样性分析研究的创新之处

（1）将优势原核生物类群与沼气发酵代谢过程有机耦合，对低温沼气发酵食物链进行了合理推测，在一定程度上揭示了低温沼气发酵系统这一“黑箱”所蕴藏的生态学基本问题；并结合低温沼气发酵食物链提出了指示低温沼气发酵的微生物学观点，即低温沼气发酵系统中细菌和古菌的群落结构反映发酵功能，而群落多样性则反映发酵效果。

（2）提出了低温沼气发酵微生物的适宜驯化温度，为高效、耐冷沼气发酵微生物的获得提供了一种实用、有效的理论和技术。

（3）明确了指示低温沼气发酵系统优劣的生物因子：占优势的梭状芽孢杆菌属和氢营养型产甲烷菌甲烷杆菌属、甲烷粒菌属指示低温沼气发酵系统运行较好的重要生物因子；由于深古菌门能代谢 CH_4，会导致沼气中 CH_4 的流失，而假单胞菌属能抑制氢营养型产甲烷菌的活性，因此，本书研究认为深古菌门和假单胞菌属是指示低温沼气发酵系统运行较差的重要生物因子。

（4）讨论分析了沼气发酵系统中非生物因子对生物因子的影响，并指出：乙酸、丙酸是影响细菌群落结构的主要非生物因子，而氨氮是影响产甲烷古菌群落的主要非生物因子；温度主要影响产甲烷古菌群落，而对细菌群落的影响不显著。

5.3 展望与设想

（1）本书研究中，在9℃的发酵温度下，虽然采用4℃驯化接种物的低温沼气发酵系统的运行是失常的，但该系统对产气速率的提升是有明显效果的，如何在获得产气速率提升效果的基础上保持沼气发酵的正常运行，是下一步需关注的研究方向。

（2）如何抑制甚至杀灭低温沼气发酵系统中的深古菌门，也是下一步重点关注的内容。

（3）进一步综合利用宏基因组学、宏转录组学、宏蛋白组学和代谢组学等手段，来更全面地揭示低温沼气发酵系统中原核生物类群的生态地位和代谢功能。

（4）由本书研究得知氢营养型产甲烷菌是低温沼气发酵系统的优势产甲烷菌，可结合本书作者前期开展过的"氢还原二氧化碳生物转化甲烷的实验研究"，在低温条件下运行该二氧化碳生物转化甲烷系统，探究该系统能否在低温下获得更高的 CH_4 产率，从而为生物天然气工程的设计提供一定的借鉴。

参考文献

[1] BP. BP statistical review of world energy [R]. London: BP, 2021.

[2] 生态环境部，国家统计局，农业农村部. 第二次全国污染源普查公报 [R]. 北京：生态环境部，国家统计局，农业农村部，2020.

[3] 詹文静，杨国清，兰泽英，等. 中国土地利用与生态安全耦合协调研究 [J]. 广东工业大学学报，2018 (1)：92-100.

[4] 安鹤峰. 沈阳市沈北新区秸秆还田技术应用现状 [J]. 农业科技与装备，2021 (6)：117-118.

[5] 国家统计局. 中国统计年鉴 2021 (中国知网版) [M]. 北京：中国统计出版社，2021.

[6] 农业部. 到 2020 年农药使用量零增长行动方案 [J]. 青海农技推广，2015 (2)：6-8.

[7] 赵洪伟，李振和，白金宝. 导致耕地土壤肥力下降的原因及解决对策 [J]. 吉林农业，2016，(1)：98-98.

[8] 张无敌，宋洪川，尹芳，等. 沼气发酵与综合利用 [M]. 昆明：云南科技出版社，2004，36-146.

[9] European Biogas Association. EBA Statistical Report 2018 [R]. Brussels: European Biogas Association, 2018.

[10] 国家能源局. 生物质能发展"十三五"规划 [R]. 北京：国家能源局，2016.

[11] International Gas Union. Biogas-from refuse to energy [R]. Fornebu: International Gas Union, 2015.

[12] Bangalore M, Hochman G, Zilberman D. Policy incentives and adoption of agricultural anaerobic digestion: a survey of Europe and the United States [J]. Renewable Energy, 2016, 97: 559-571.

[13] U. S. Department of Agriculture. Biogas opportunities roadmap [R]. Washington: U. S. Department of Agriculture, 2014.

[14] York L, Heffernan C, Rymer C. The role of subsidy in ensuring the sustainability of small-scale anaerobic digesters in Odisha, India [J]. Renewable Energy, 2016, 96: 1111-1118.

[15] Ministry of New and Renewable Energy (India). Strategic plan for new and renewable energy sector for the period of 2011-17 [R]. New Delhi: Ministry of New and Renewable Energy (India), 2011.

[16] Dhussa A. Biogas in India [R]. New Delhi: Ministry of New and Renewable Energy (India), 2004.

[17] 中国沼气学会. 中国沼气行业双碳发展报告 [R]. 北京：中国沼气学会，2021.

[18] 国家发展和改革委员会，农业部. 全国农村沼气发展"十三五"规划 [R]. 北京：国家发展和改革委员会，2017.

[19] 李树生，曾国揆. 推动云南农村能源健康可持续发展 [J]. 云南林业，2013 (2)：48.

[20] 杨建林，赵增昆. 云南年鉴 2021 [M]. 昆明：云南年鉴社，2021.

[21] 杨斌，尚朝秋，曾国揆，等. 云南省沼气行业发展的调研报告 [J]. 中国沼气，2017，35 (4)：99-103.

[22] Toerien D F, Hattingh W H J. The microbiology of anaerobic digestion [J]. Water Research, 1969, 3: 385-416.

[23] Lawrence A W, Mccarty P L. Kinetics of methane fermentation in anaerobic treatment [J]. Water Pollution Control Federation, 1969, 41 (2): R1-R17.

[24] Özbayram E G. Determination of the synergistic acute effects of antibiotics on methanogenic pathway [D]. Istanbul: Istanbul Technical University, 2012.

[25] Khanal S K. Anaerobic biotechnology for bioenergy production: principles and application [M]. Iowa: Wiley-Blackwell, 2008.

[26] 张希衡. 废水厌氧生物处理工程 [M]. 北京: 中国环境科学出版社, 1996, 1-34.

[27] 袁振宏. 能源微生物学 [M]. 北京: 化学工业出版社, 2012, 216-301.

[28] Lu Y. Microbial ecology of fermentative microbes in anaerobic granules [D]. Queensland: The University of Queensland, 2014.

[29] Kong Y, Xia Y, Seviour R, et al. In situ identification of carboxymethyl cellulose - digesting bacteria in the rumen of cattle fed alfalfa or triticale [J]. FEMS Microbiology Ecology, 2012, 80 (1): 159-167.

[30] Xia Y, Kong Y, Seviour R, et al. In situ identification and quantification of starch-hydrolyzing bacteria attached to barley and corn grain in the rumen of cows fed barley-based diets [J]. FEMS Microbiology Ecology, 2015, 91 (8): fiv077.

[31] Xia Y, Kong Y, Huang H, et al. In situ identification and quantification of protein-hydrolyzing ruminal bacteria associated with the digestion of barley and corn grain [J]. Canadian Journal of Microbiology, 2016, 62 (12): 1063-1067.

[32] Oyeleke S B, Gweba C. Comparative analysis of biogas produce from tannery effluent and groundnut waste [J]. International Research of Pharmacy and Pharmacology, 2011, 1 (10): 250-253.

[33] Shen L, Zhao Q, Wu X, et al. Interspecies electron transfer in syntrophic methanogenic consortia: from cultures to bioreactors [J]. Renewable and Sustainable Energy Reviews, 2016, 54 (8): 1358-1367.

[34] Goswami R, Chattopadhyay P, Shome A, et al. An overview of physico-chemical mechanisms of biogas production by microbial communities: a step towards sustainable waste management [J]. Biotech, 2016, 6: 72.

[35] Bok F A D, Harmsen H J, Plugge C M, et al. The first true obligately syntrophic propionate-oxidizing bacterium, *Pelotomaculum schinkii* sp. nov., co-cultured with *Methanospirillum hungatei*, and emended description of the genus *Pelotomaculum* [J]. International Journal of Systematic and Evolutionary Microbiology, 2005, 55: 1697-1703.

[36] Imachi H, Sakai S, Ohashi A, et al. *Pelotomaculum propionicicum* sp. nov., an anaerobic, mesophilic, obligately syntrophic, propionate-oxidizing bacterium [J]. International Journal of Systematic and Evolutionary, 2007, 57: 1487-1492.

[37] McInerney M J, Bryant M P, Pfennig N. Anaerobic bacterium that degrades fatty acids in syntrophic association with methanogens [J]. Archives of Microbiology, 1979, 122 (2): 129-135.

[38] Stieb M, Schink B. Anaerobic oxidation of fatty acids by *Clostridium bryantii* sp. nov., a sporeforming, obligately syntrophic bacterium [J]. Archives of Microbiology, 1985, 140 (4): 387-390.

[39] Zhao H X, Yang D C, Woese C R, et al. Assignment of *Clostridium bryantii* to *Syntrophospora bryantii* gen. nov., comb. nov. on the basis of a 16S rRNA sequence analysis of its crotonate-grown pure culture [J]. International Journal of Systematic Bacteriology, 1990, 40 (1): 40-44.

[40] Mountfort D O, Bryant M P. Isolation and characterization of an anaerobic syntrophic benzoate-degrading bacterium from sewage sludge [J]. Archives of Microbiology, 1982, 133 (4): 249-256.

[41] Mountfort D O, Brulla W J, Krumholz L R, et al. *Syntrophus buswellii* gen. nov., sp. nov.: a ben-

zoate catabolizer from methanogenic ecosystems [J]. International Journal of Systematic and Evolutionary, 1984, 34: 216-217.

[42] Bryant M P, Campbell L L, Reddy C A, et al. Growth of desulfovibrio in lactate or ethanol media low in sulfate in association with H_2 utilizing methanogenic bacteria [J]. Applied and Environmental Microbiology, 1977, 33 (5): 1162-1169.

[43] Bryant M P, Wolin E A, Wolin M J, et al. *Methanobacillus omelianskii*, a symbiotic association of two species of bacteria [J]. Archives of Microbiology, 1967, 59 (1): 20-31.

[44] Balch W E, Schoberth S, Tanner R S, et al. *Acetobacterium*, a new genus of hydrogen-oxidizing, carbon dioxide-reducing, anaerobic bacteria [J]. International Journal of Systematic Bacteriology, 1977, 27: 355-361.

[45] Jabłoński S J, Rodowicz P, Łukaszewicz M. Methanogenic archaea database containing physiological and biochemical characteristics [J]. International Journal of Systematic and Evolutionary Microbiology, 2015, 65: 1360-1368.

[46] Wirth R, Kovács E, Maróti G, et al. Characterization of a biogas-producing microbial community by short-read next generation DNA sequencing [J]. Biotechnology for Biofuels, 2012, 5: 41.

[47] Whitman W. Bergey's manual of systematics of *Archaea* and *Bacteria* [M]. New York: John Wiley & Sons, Inc., 2015. (online)

[48] Parte A C. LPSN—list of prokaryotic names with standing in nomenclature [J]. Nucleic Acids Research, 2014, 42: 613-616.

[49] Garrity G M, Bell J A, Lilburn T G. Bergey's manual of systematic bacteriology [M]. New York: Springer, 2004, 13-19.

[50] Garcia J L, Patel B K, Ollivier B. Taxonomic, phylogenetic, and ecological diversity of methanogenic *Archaea* [J]. Anaerobe, 2000, 6: 205-226.

[51] Zeikus J G. The biology of methanogenic bacteria [J]. Bacteriological Reviews, 1977, 41 (2): 514-541.

[52] Juottonen H. *Archaea*, *Bacteria*, and methane production along environmental gradients in fens and bogs [D]. Helsinki: University of Helsinki, 2008.

[53] Liu F H, Wang S B, Zhang J S, et al. The structure of the bacterial and archaeal community in a biogas digester as revealed by denaturing gradient gel electrophoresis and 16S rDNA sequencing analysis [J]. Journal of Applied Microbiology, 2009, 106: 952-966.

[54] 张蕾，梁军锋，崔文文，等. 规模化秸秆沼气发酵反应器中微生物群落特征 [J]. 农业环境科学学报，2014，33 (3)：584-592.

[55] McHugh S, Carton M, Mahony T, et al. Methanogenic population structure in a variety of anaerobic bioreactors [J]. FEMS Microbiology Letters, 2003, 219: 297-304.

[56] Ince B K, Ince O, Oz N A. Changes in acetoclastic methanogenic activity and microbial composition in an upflow anaerobic filter [J]. Water Air and Soil Pollution, 2003, 144: 301-315.

[57] Tabatabaei M, Zakaria M R, Rahim R A, et al. PCR-based DGGE and FISH analysis of methanogens in an anaerobic closed digester tank for treating palm oil mill effluent [J]. Electronic Journal of Biotechnology, 2009, 12 (3): 1-12.

[58] Yang Y, Yu K, Xia Y, et al. Metagenomic analysis of sludge from full-scale anaerobic digesters operated in municipal wastewater treatment plants [J]. Applied Microbiology and Biotechnology, 2014,

98 (12): 5709-5718.

[59] Díaz E E, Stams A J, Amils T, et al. Phenotypic properties and microbial diversity of methanogenic granules from a full-scale upflow anaerobic sludge bed reactor treating brewery wastewater [J]. Applied & Environmental Microbiology, 2006, 72 (7): 4942-4949.

[60] Lo H M, Kurniawan T A, Sillanpää M E T, et al. Modeling biogas production from organic fraction of MSW co-digested with MSWI ashes in anaerobic bioreactors [J]. Bioresource Technology, 2010, 101 (16): 6329-6335.

[61] Zhou J, Zhang R, Liu F, et al. Biogas production and microbial community shift through neutral pH control during the anaerobic digestion of pig manure [J]. Bioresource Technology, 2016, 217: 44-49.

[62] Matheri A N, Sethunya V L, Belaid M, et al. Analysis of the biogas productivity from dry anaerobic digestion of organic fraction of municipal solid waste [J]. Renewable and Sustainable Energy Reviews, 2018, 81: 2328-2334.

[63] Riya S, Suzuki K, Terada A, et al. Influence of C/N ratio on performance and microbial community structure of dry-thermophilic anaerobic co-digestion of swine manure and rice straw [J]. Journal of Medical and Bioengineering, 2016, 5 (1): 11-14.

[64] Rincón B, Borja R, González J M, et al. Influence of organic loading rate and hydraulic retention time on the performance, stability and microbial communities of one-stage anaerobic digestion of two-phase olive mill solid residue [J]. Biochemical Engineering Journal, 2008, 40 (2): 253-261.

[65] Morita M, Sasaki K. Factors influencing the degradation of garbage in methanogenic bioreactors and impacts on biogas formation [J]. Applied Microbiology and Biotechnology, 2012, 94 (3): 575-582.

[66] 田光亮. 云南亚热带户用沼气池模拟系统中原核生物群落动态研究 [D]. 昆明: 云南师范大学, 2016.

[67] Li Y F. An integrated study on microbial community in anaerobic digestion systems [D]. Columbus: The Ohio State University, 2013.

[68] 赵光, 马放, 魏利, 等. 北方低温沼气发酵技术研究及展望 [J]. 哈尔滨工业大学学报, 2011, 43 (6): 29-33.

[69] 董明华. 云南沼气发酵生态系统的原核生物群落时空动态研究 [D]. 昆明: 云南大学, 2016.

[70] Tian G, Li Q, Dong M, et al. Spatiotemporal dynamics of bacterial and archaeal communities in household biogas digesters from tropical and subtropical regions of Yunnan Province, China [J]. Environmental Science and Pollution Research, 2016, 23 (11): 11137-11148.

[71] Sundberg C, Alsoud W A, Larsson M, et al. 454 pyrosequencing analyses of bacterial and archaeal richness in 21 full-scale biogas digesters [J]. FEMS Microbiology Ecology, 2013, 85 (3): 612-626.

[72] Yun J, Sang D L, Cho K S. Biomethane production and microbial community response according to influent concentration of molasses wastewater in a UASB reactor [J]. Applied Microbiology and Biotechnology, 2016, 100 (10): 4675-4683.

[73] 李映娟. IC反应器处理养猪废水工艺及其颗粒污泥原核微生物群落分析 [D]. 昆明: 云南师范大学, 2015.

[74] 黄江丽, 张国华, 丁建南, 等. 低温沼气发酵促进剂的研究 [J]. 江西科学, 2012, 30 (1): 39-43.

[75] 丁维新，蔡祖聪．温度对甲烷产生和氧化的影响［J］．应用生态学报，2003，14（4）：604-608.
[76] 陈豫，胡伟．中国农村沼气发酵温度适宜性区划［J］．水土保持研究，2013，20（1）：250-259.
[77] 王宇珊．低温产甲烷菌群分析［D］．哈尔滨：黑龙江大学，2011.
[78] Zhang D，Zhu W，Tang C，et al. Bioreactor performance and methanogenic population dynamics in a low-temperature（5～18℃）anaerobic fixed-bed reactor［J］. Bioresource Technology，2012，104：136-143.
[79] 魏素珍，黄青松．低温条件下户用沼气发酵技术研究进展［J］．南方农业学报，2012，43（6）：792-796.
[80] 吴树彪，刘莉莉，刘武，等．太阳能加温和沼液回用沼气工程的生态效益评价［J］．农业工程学报，2017，33（5）：205-210.
[81] 刘青荣，李深，晁亮亮，等．不同环境温度下沼气工程厌氧罐内料温研究［J］．中国沼气，2016，34（5）：67-72.
[82] 秦国栋，楼平，吴湘莲．太阳能集热、空气源热泵和电加热并联式沼气发酵增温系统研究［J］．中国农机化学报，2014，35（5）：187-191.
[83] 刘静辉，张无敌，刘士清，等．基质微生物比对油菜籽饼粕沼气发酵的影响［J］．云南师范大学学报（自然科学版），2014，34（3）：24-28.
[84] Keating C. Hydrolysis，methanogenesis and bioprocess performance during low-temperature anaerobic digestion of dilute wastewater［D］. Galway：National University of Ireland，2014.
[85] 辛玉华，周宇光，东秀珠．低温细菌与古菌的生物多样性及其冷适应机制［J］．生物多样性，2013，21（4）：468-480.
[86] 万永青，张伟，满都拉，等．两株低温沼气产酸细菌的分离鉴定及产酸特性［J］．微生物学报，2015，55（11）：1437-1444.
[87] Hofmanbang J，Zheng D，Westermann P，et al. Molecular ecology of anaerobic reactor systems［J］. Advances in Biochemical Engineering/biotechnology，2003，81（81）：151-203.
[88] Jaenicke S，Ander C，Bekel T，et al. Comparative and joint analysis of two metagenomic datasets from a biogas fermenter obtained by 454-pyrosequencing［J］. Plos One，2010，6（1）：e14519.
[89] Curcio S，Saraceno A，Calabrò V，et al. Neural and hybrid modeling：an alternative route to efficiently predict the behavior of biotechnological processes aimed at biofuels obtainment［J］. The Scientific World Journal，2014，2014：303858（Article ID）.
[90] Bengelsdorf F R. Characterization of the microbial community in a biogas reactor supplied with organic residues［D］. Ulm：University of Ulm，2011.
[91] 宋文芳．沼气发酵低温功能微生物的分离和促进沼气低温发酵的研究［D］．成都：农业部沼气科学研究所，2011.
[92] 万永青，张伟，满都拉，等．两株低温沼气产酸细菌的分离鉴定及产酸特性［J］．微生物学报，2015，55（11）：1437-1444.
[93] 马金亮，刁彦花，张丽萍，等．耐低温甲烷杆菌SHB的分离鉴定与生长特性分析［J］．微生物学杂志，2012，32（5）：23-27.
[94] 李会，马骏，崔薇薇，等．一株低温产甲烷菌的分离和鉴定［J］．辽宁农业科学，2012，（2）：25-28.
[95] Seib M D，Berg K J，Zitomer D H. Influent wastewater microbiota and temperature influence anaero-

bic membrane bioreactor microbial community [J]. Bioresource Technology, 2016, 216: 446-452.

[96] Dai Y, Yan Z, Jia L, et al. The composition, localization and function of low-temperature-adapted microbial communities involved in methanogenic degradations of cellulose and chitin from Qinghai-Tibetan Plateau wetland soils [J]. Journal of Applied Microbiology, 2016, 121 (1): 163-176.

[97] Xing W, Zhao Y, Zuo J E. Microbial activity and community structure in a lake sediment used for psychrophilic anaerobic wastewater treatment [J]. Journal of Applied Microbiology, 2010, 109 (5): 1829-1837.

[98] Kotsyurbenko O R, Friedrich M W, Simankova M V, et al. Shift from acetoclastic to H_2-dependent methanogenesis in a West Siberian Peat Bog at low ph values and isolation of an acidophilic *Methanobacterium* strain [J]. Applied and environmental microbiology, 2007, 73 (7): 2344-2348.

[99] Kendall M M, Wardlaw G D, Tang C F, et al. Diversity of *Archaea* in marine sediments from Skan Bay, Alaska, including cultivated methanogens, and description of *Methanogenium boonei* sp. nov. [J]. Applied and Environmental Microbiology, 2007, 73 (2): 407-414.

[100] 吴燕．云南温带高原户用沼气池中原核微生物多样性的比较研究 [D]．昆明：云南大学，2014.

[101] 王彦伟，徐凤花，阮志勇，等．用 DGGE 和 Real-Time PCR 对低温沼气池中产甲烷古菌群落的研究 [J]．中国沼气，2012，30 (1)：8-12.

[102] Siggins A, Enright A M, O'Flaherty V. Methanogenic community development in anaerobic granular bioreactors treating trichloroethylene (TCE) -contaminated wastewater at 37℃ and 15℃ [J]. Water Research, 2011, 45 (8): 2452-2462.

[103] Bialek K. A quantitative and qualitative analysis of microbial community development during low-temperature anaerobic digestion of dairy wastewater [D]. Galway: National University of Ireland, 2012.

[104] 程建刚，王学锋，范立张，等．近 50 年来云南气候带的变化特征 [J]．地理科学进展，2009，28 (1)：18-24.

[105] Hashimoto A G. Effect of inoculum/substrate ratio on methane yield and production rate from straw [J]. Biological Wastes, 1989, 28 (4): 247-255.

[106] Lopes W S, Leite V D, Prasad S. Influence of inoculum on performance of anaerobic reactors for treating municipal solid waste [J]. Bioresource Technology, 2004, 94 (3): 261-266.

[107] 刘士清，张无敌，尹芳，等．沼气发酵实验教程 [M]．北京：化学工业出版社，2013，2-6.

[108] GB 11914—89，水质 化学需氧量的测定 重铬酸盐法 [S].

[109] Roggenbuck M, Schnell I B, Blom N, et al. The microbiome of New World vultures [J]. Nature Communications, 2014, 5: 5498.

[110] He T, Guan W, Luan Z, et al. Spatiotemporal variation of bacterial and archaeal communities in a pilot-scale constructed wetland for surface water treatment [J]. Applied Microbiology and Biotechnology, 2016, 100 (3): 1479-1488.

[111] Li B, Zhang X, Guo F, et al. Characterization of tetracycline resistant bacterial community in saline activated sludge using batch stress incubation with high-throughput sequencing analysis [J]. Water Research, 2013, 47 (13): 4207-4216.

[112] 乔江涛，郭荣波，袁宪正，等．玉米秸秆厌氧降解复合菌系的微生物群落结构 [J]．环境科学，2013，34 (4)：1531-1539.

[113] Ye N F，Lü F，Shao L M，et al. Bacterial community dynamics and product distribution during pH-adjusted fermentation of vegetable wastes [J]. Journal of Applied Microbiology，2007，103 (4)：1055-1065.

[114] Roest K，Heilig H G，Smidt H，et al. Community analysis of a full-scale anaerobic bioreactor treating paper mill wastewater [J]. Systematic and Applied Microbiology，2005，28 (28)：175-185.

[115] 张蕾，梁军锋，崔文文，等. 规模化秸秆沼气发酵反应器中微生物群落特征 [J]. 农业环境科学学报，2014，33 (3)：584-592.

[116] Baena S，Fardeauu M L，Labat M，et al. *Aminobacterium mobile* sp. nov.，a new anaerobic amino-acid-degrading bacterium [J]. International Journal of Systematic and Evolutionary Microbiology [J]. 2000，50 (1)：259-264.

[117] Ariesyady H D，Ito T，Okabe S. Functional bacterial and archaeal community structures of major trophic groups in a full-scale anaerobic sludge digester [J]. Water research，2007，41 (7)：1554-1568.

[118] Chouari R，Paslier D L，Ginestet P，et al. Novel predominant archaeal and bacterial groups revealed by molecular analysis of an anaerobic sludge digester [J]. Environmental Microbiology，2005，7 (8)：1104-1115.

[119] Lawson P A. The taxonomy of the genus *Clostridium*：current status and future perspectives [J]. Microbiology China，2016，43 (5)：1070-1074.

[120] Deng Y，Guo X，Wang Y，et al. *Terrisporobacter petrolearius* sp. nov.，isolated from an oilfield petroleum reservoir [J]. International Journal of Systematic and Evolutionary Microbiology，2015，65：3522-3526.

[121] Abe K，Ueki A，Ohtaki Y，et al. *Anaerocella delicata* gen. nov.，sp. nov.，a strictly anaerobic bacterium in the phylum *Bacteroidetes* isolated from a methanogenic reactor of cattle farms [J]. The Journal of General and Applied Microbiology，2012，58 (6)：405-412.

[122] Xie Z，Wang Z，Wang Q，et al. An anaerobic dynamic membrane bioreactor (AnDMBR) for landfill leachate treatment：performance and microbial community identification [J]. Bioresource Technology，2014，161 (3)：29-39.

[123] Mcsweeny C S，Allison M J，Mackie R I，et al. Amino acid utilization by the ruminal bacterium *Synergistes jonesii* strain 78-1 [J]. Archives of Microbiology，1993，159 (2)：131-135.

[124] Derakhshani H，Corley S W，Jassim R A. Isolation and characterization of mimosine，3，4 DHP and 2，3 DHP degrading bacteria from a commercial rumen inoculum [J]. Journal of Basic Microbiology，2016，56：580-585.

[125] Klieve A V，Ouwerkerk D，Turner A，et al. The production and storage of a fermentor-grown bacterial culture containing *Synergistes jonesii*，for protecting cattle against mimosine and 3-hydroxy-4 (1H) -pyridone toxicity from feeding on *Leucaena leucocephala* [J]. Australian Journal of Agricultural Research，2002，53 (1)：1-5.

[126] 陈秀兰，洪彩香. 降低银合欢含羞草素的处理方法研究 [J]. 热带农业科学，1986 (2)：73-75.

[127] Gerritsen J，Fuentes S，Grievink W，et al. Characterization of *Romboutsia ilealis* gen. nov.，sp. nov.，isolated from the gastro-intestinal tract of a rat，and proposal for the reclassification of five closely related members of the genus *Clostridium* into the genera *Romboutsia* gen. nov.，*Intestini-*

bacter gen. nov., *Terrisporobacter* gen. nov. and *Asaccharospora* gen. nov. [J]. International Journal of Systematic and Evolutionary Microbiology, 2014, 64: 1600-1616.

[128] Bosshard P P, Zbinden R, Altwegg M. *Turicibacter sanguinis* gen. nov., sp. nov., a novel anaerobic, gram-positive bacterium [J]. International Journal of Systematic and Evolutionary Microbiology, 2002, 52: 1263-1266.

[129] Zhao Y, Wu J, Li J V, et al. Gut microbiota composition modifies fecal metabolic profiles in mice [J]. Journal of Proteome Research, 2013, 12 (6): 2987-2999.

[130] 童子林，刘元璐，胡真虎，等．四环素类抗生素污染畜禽粪便的厌氧消化特征 [J]．环境科学，2012，33 (3)：1028-1032.

[131] Kelly T N, Bazzano L A, Ajami N J, et al. Gut microbiome associates with lifetime cardiovascular disease risk profile among bogalusa heart study participants [J]. Circulation Research, 2016, 119 (8): 956-964.

[132] Morotomi M, Nagai F, Watanabe Y. Description of *Christensenella minuta* gen. nov., sp. nov., isolated from human faeces, which forms a distinct branch in the order *Clostridiales*, and proposal of *Christensenellaceae* fam. nov. [J]. International Journal of Systematic and Evolutionary Microbiology, 2012, 62: 144-149.

[133] Goodrich J K, Waters J L, Poole A C, et al. Human genetics shape the gut microbiome [J]. Cell, 2014, 159 (4): 789-799.

[134] Makarova K, Slesarev A, Wolf Y, et al. Comparative genomics of the lactic acid bacteria [J]. PNAS, 2006, 103 (42): 15611 - 15616.

[135] Cotta M A, Whitehead T R, Collins M D, et al. *Atopostipes suicloacale* gen. nov., sp. nov., isolated from an underground swine manure storage pit [J]. Anaerobe, 2004, 10 (3): 191-195.

[136] Chen S, Dong X. *Proteiniphilum acetatigenes* gen. nov., sp. nov., from a UASB reactor treating brewery wastewater [J]. International Journal of Systematic and Evolutionary Microbiology, 2005, 55: 2257-2261.

[137] 倪妮，宋洋，王芳，等．多环芳烃污染土壤生物联合强化修复研究进展 [J]．土壤学报，2016，53 (3)：561-571.

[138] Grabowski A, Tindall B J, Bardin V, et al. *Petrimonas sulfuriphila* gen. nov., sp. nov., a mesophilic fermentative bacterium isolated from a biodegraded oil reservoir [J]. International Journal of Systematic and Evolutionary Microbiology, 2005, 55: 1113-1121.

[139] 张杰．厌氧颗粒污泥处理含 2，4，6-三氯酚废水及其微生物种群结构的研究 [D]．湘潭：湘潭大学，2015.

[140] Iino T, Sakamoto M, Ohkuma M. *Prolixibacter denitrificans* sp. nov., an iron-corroding, facultatively aerobic, nitrate-reducing bacterium isolated from crude oil, and emended descriptions of the genus *Prolixibacter* and *Prolixibacter bellariivorans* [J]. International Journal of Systematic and Evolutionary Microbiology, 2015, 65: 2865-2869.

[141] Falsen E, Collins M D, Welinder-Olsson C, et al. *Fastidiosipila sanguinis* gen. nov., sp. nov., a new Gram-positive, coccus-shaped organism from human blood [J]. International Journal of Systematic and Evolutionary Microbiology, 2005, 55: 853-858.

[142] Perumbakkam S, Mitchell E A, Craig A M. Changes to the rumen bacterial population of sheep with

the addition of 2，4，6-trinitrotoluene to their diet ［J］．Antonie Van Leeuwenhoek，2011，99（2）：231-240.

［143］ Breitenstein A，Wiegel J，Haertig C，et al. Reclassification of *Clostridium hydroxybenzoicum* as *Sedimentibacter hydroxybenzoicus* gen. nov.，comb. nov.，and description of *Sedimentibacter saalensis* sp. nov. ［J］．International Journal of Systematic and Evolutionary Microbiology，2002，52：801－807.

［144］ Gomes B C，Adorno M A T，Okada D Y，et al. Analysis of a microbial community associated with polychlorinated biphenyl degradation in anaerobic batch reactors ［J］．Biodegradation，2014，25：797-810.

［145］ Birgül A，Kurt-Karakus P B，Alegria H，et al. Polyurethane foam（PUF）disk passive samplers derived polychlorinated biphenyls（PCBs）concentrations in the ambient air of Bursa-Turkey：Spatial and temporal variations and health risk assessment ［J］．Chemosphere，2017，168：1345-1355.

［146］ 徐志宁，张海飞．我国杀虫剂的开发与进展［J］．农药市场信息，2004（7）：19-20.

［147］ Heinaru E，Naanuri E，Grünbach M，et al. Functional redundancy in phenol and toluene degradation in *Pseudomonas stutzeri* strains isolated from the Baltic Sea ［J］．Gene，2016，589（1）：90-98.

［148］ Sheng T，Zhao L，Guo L F，et al. *Lignocellulosic sacchari* cation by a newly isolated bacterium，*Ruminiclostridium thermocellum* M3 and cellular cellulase activities for high ratio of glucose to cellobiose ［J］．Biotechnology for Biofuels，2016，9（1）：172.

［149］ Dumitrache A，Akinosho H，Rodriguez M，et al. Consolidated bioprocessing of Populus using *Clostridium*（*Ruminiclostridium*）*thermocellum*：a case study on the impact of lignin composition and structure ［J］．Biotechnology for Biofuels，2016，9（1）：31.

［150］ Matthies C，Evers S，Ludwig W，et al. *Anaerovorax odorimutans* gen. nov.，sp. nov.，a putrescine-fermenting，strictly anaerobic bacterium ［J］．International Journal of Systematic and Evolutionary Microbiology，2000，50（4）：1591-1594.

［151］ Zeng X，Borole A P，Pavlostathis S G. Biotransformation of furanic and phenolic compounds with hydrogen gas production in a microbial electrolysis cell ［J］．Environmental Science and Technology，2015，49（22）：13667-13675.

［152］ Wang L，Nie Y，Tang Y Q，et al. Diverse bacteria with lignin degrading potentials isolated from two ranks of coal ［J］．Frontiers in Microbiology，2016，7：1428.

［153］ Sleat R，Mah R A，Robinson R. Isolation and characterization of an anaerobic，cellulolytic bacterium，*Clostridium cellulovorans* sp. nov. ［J］．Applied and Environmental Microbiology，1984，48（1）：88-93.

［154］ Russell J B，Bottje W G，Cotta M A. Degradation of protein by mixed cultures of rumen bacteria：identification of *Streptococcus bovis* as an actively proteolytic rumen bacterium ［J］．Journal of Animal Science，1981，53（1）：242-252.

［155］ Chamkha M，Patel B K，Traore A，et al. Isolation from a shea cake digester of a tannindegrading *Streptococcus gallolyticus* strain that decarboxylates protocatechuic and hydroxycinnamic acids，and emendation of the species ［J］． International Journal of Systematic and Evolutionary Microbiology，2002，52：939-944.

［156］ Liu Q Q，Li J，Xiao D，et al. *Saccharicrinis marinus* sp. nov.，isolated from marine sediment ［J］．

International Journal of Systematic and Evolutionary Microbiology, 2015, 65: 3427-3432.

[157] Domingo M C, Huletsky A, Boissinot M, et al. *Ruminococcus gauvreauii* sp. nov., a glycopeptide-resistant species isolated from a human faecal specimen [J]. International Journal of Systematic and Evolutionary Microbiology, 2008, 58 (6): 1393-1397.

[158] Looft T, Levine U Y, Stanton T B. *Cloacibacillus porcorum* sp. nov., a mucin-degrading bacterium from the swine intestinal tract and emended description of the genus *Cloacibacillus* [J]. International Journal of Systematic and Evolutionary Microbiology, 2013, 63: 1960-1966.

[159] Qiao G, Jang I K, Won K M, et al. Pathogenicity comparison of high-and low-virulence strains of *Vibrio scophthalmi* in olive flounder Paralichthys olivaceus [J]. Fisheries Science, 2013, 79 (1): 99-109.

[160] Liu Q Q, Li X L, Rooney A P, et al. *Tangfeifania diversioriginum* gen. nov., sp. nov., a representative of the family Draconibacteriaceae [J]. International Journal of Systematic and Evolutionary Microbiology, 2014, 64: 3473-3477.

[161] Nakamura L K. *Lactobacillus amylovorus*, a new starch-hydrolyzing species from cattle waste-corn fermentations [J]. International Journal of Systematic Bacteriology, 1981, 31 (1): 56-63.

[162] Kandler O, Stetter K O, Köhl R. *Lactobacillus reuteri* sp. nov., a new species of heterofermentative lactobacilli [J]. Zentralblatt Für Bakteriologie, 1980, 1 (3): 264-269.

[163] Tarazona E, Ruvira M A, Lucena T, et al. *Vibrio renipiscarius* sp. nov., isolated from cultured gilthead sea bream (*Sparus aurata*) [J]. International Journal of Systematic and Evolutionary Microbiology, 2015, 65: 1941-1945.

[164] Iino T, Mori K, Itoh T, et al. Description of *Mariniphaga anaerophila* gen. nov., sp. nov., a facultatively aerobic marine bacterium isolated from tidal flat sediment, reclassification of the *Draconibacteriaceae* as a later heterotypic synonym of the Prolixibacteraceae and description of the family *Marinifilaceae* fam. nov. [J]. International Journal of Systematic and Evolutionary Microbiology, 2014, 64: 3660-3667.

[165] 赵建新，张灏，田丰伟．丁酸菌的分离、鉴定及筛选［J］．无锡轻工大学学报，2002，21（6）：597-612.

[166] Sleat S, Mah R A. *Clostridium populeti* sp. nov., a cellulolytic species from a wood-biomass digestor [J]. International Journal of Systematic Bacteriology, 1985, 35 (2): 160-163.

[167] Zhilina T N, Appel R, Probian C, et al. *Alkaliflexus imshenetskii* gen. nov. sp. nov., a new alkaliphilic gliding carbohydrate-fermenting bacterium with propionate formation from a soda lake [J]. Archives of Microbiology, 2004, 182 (2): 244-253.

[168] Ogg C D, Patel B K. *Caloramator australicus* sp. nov., a thermophilic, anaerobic bacterium from the Great Artesian Basin of Australia [J]. International Journal of Systematic and Evolutionary Microbiology, 2009, 59: 95-101.

[169] Xiao Y P, Hui W, Wang Q, et al. *Pseudomonas caeni* sp. nov., a denitrifying bacterium isolated from the sludge of an anaerobic ammonium-oxidizing bioreactor [J]. International Journal of Systematic and Evolutionary Microbiology, 2009, 59: 2594-2598.

[170] Lee Y J, Romanek C S, Mills G L, et al. *Gracilibacter thermotolerans* gen. nov., sp. nov., an anaerobic, thermotolerant bacterium from a constructed wetland receiving acid sulfate water [J].

International Journal of Systematic and Evolutionary Microbiology, 2006, 56: 2089-2093.

[171] Lau K W K, Ng C Y M, Ren J, et al. *Owenweeksia hongkongensis* gen. nov., sp. nov., a novel marine bacterium of the phylum '*Bacteroidetes*' [J]. International Journal of Systematic and Evolutionary Microbiology, 2005, 55: 1051-1057.

[172] Yoon J, Kasai H. *Sunxiuqinia rutila* sp. nov., a new member of the phylum *Bacteroidetes* isolated from marine sediment [J]. Journal of General and Applied Microbiology, 2014, 60 (1): 28-32.

[173] Salinas M B, Fardeau M L, Thomas P, et al. *Mahella australiensis* gen. nov., sp. nov., a moderately thermophilic anaerobic bacterium isolated from an Australian oil well [J]. International Journal of Systematic and Evolutionary Microbiology, 2004, 54: 2169-2173.

[174] Kelly W J, Asmundson R V, Hopcroft D H. Isolation and characterization of a strictly anaerobic, cellulolytic spore former: *Clostridium chartatabidum* sp. nov. [J]. Archives of Microbiology, 1987, 147 (2): 169-173.

[175] Chen S, Niu L, Zhang Y. *Saccharofermentans acetigenes* gen. nov., sp. nov., an anaerobic bacterium isolated from sludge treating brewery wastewater [J]. International Journal of Systematic and Evolutionary Microbiology, 2010, 60: 2735-2738.

[176] Angelakis E, Bibi F, Ramasamy D, et al. Non-contiguous finished genome sequence and description of *Clostridium saudii* sp. nov. [J]. Standards in Genomic Sciences, 2014, 9 (1): 8.

[177] Nishiyama T, Ueki A, Kaku N, et al. *Bacteroides graminisolvens* sp. nov., a xylanolytic anaerobe isolated from a methanogenic reactor treating cattle waste [J]. International Journal of Systematic and Evolutionary Microbiology, 2009, 59: 1901-1907.

[178] Cai S, Dong X. *Cellulosilyticum ruminicola* gen. nov., sp. nov., isolated from the rumen of yak, and reclassification of *Clostridium lentocellum* as *Cellulosilyticum lentocellum* comb. nov. [J]. International Journal of Systematic and Evolutionary Microbiology, 2010, 60: 845-849.

[179] Domingo M C, Huletsky A, Boissinot M, et al. *Clostridium lavalense* sp. nov., a glycopeptideresistant species isolated from human faeces [J]. International Journal of Systematic and Evolutionary Microbiology, 2009, 59: 498-503.

[180] Takai K, Abe M, Miyazaki M, et al. *Sunxiuqinia faeciviva* sp. nov., a facultatively anaerobic organoheterotroph of the *Bacteroidetes* isolated from deep subseafloor sediment [J]. International Journal of Systematic and Evolutionary Microbiology, 2013, 63: 1602-1609.

[181] Jeong H, Lim Y W, Yi H, et al. *Anaerosporobacter mobilis* gen. nov., sp. nov., isolated from forest soil [J]. International Journal of Systematic and Evolutionary Microbiology, 2007, 57: 1784-1787.

[182] Lawson P A, Rainey F A. Proposal to restrict the genus *Clostridium prazmowski* to *Clostridium butyricum* and related species [J]. International Journal of Systematic and Evolutionary Microbiology, 2016, 66: 1009-1016.

[183] Wu, W J, Liu Q Q, Chen G J, et al. *Roseimarinus sediminis* gen. nov., sp. nov., a facultatively anaerobic bacterium isolated from coastal sediment [J]. International Journal of Systematic and Evolutionary Microbiology, 2015, 65: 2260-2264.

[184] Palop M L, Valles S, Piñaga F, et al. Isolation and characterization of an anaerobic, cellulolytic bacterium, *Clostridium celerecrescens* sp. nov. [J]. International Journal of Systematic Bacteriology,

1989，39（1）：87-91.

［185］ Whitehead T R，Cotta M A，Falsen E，et al. *Peptostreptococcus russellii* sp. nov.，isolated from a swine-manure storage pit［J］. International Journal of Systematic and Evolutionary Microbiology，2011，61：1875-1879.

［186］ Cai S，Li J，Hu F Z，et al. *Cellulosilyticum ruminicola*，a newly described rumen bacterium that possesses redundant fibrolytic-protein-encoding genes and degrades lignocellulose with multiple carbohydrate-borne fibrolytic enzymes［J］. Applied and Environmental Microbiology，2010，76（12）：3818-3824.

［187］ Matsuoka M，Park S，An S Y，et al. *Advenella faeciporci* sp. nov.，a nitrite-denitrifying bacterium isolated from nitrifying-denitrifying activated sludge collected from a laboratory-scale bioreactor treating piggery wastewater［J］. International Journal of Systematic and Evolutionary Microbiology，2012，62：2986-2990.

［188］ Shmareva M N，Agafonova N V，Kaparullina E N，et al. Emended Descriptions of *Advenella kashmirensis* subsp. kashmirensis subsp. nov.，*Advenella kashmirensis* subsp. methylica subsp. nov.，and *Methylopila turkiensis* sp. nov.［J］. Microbiology，2016，85（5）：646-648.

［189］ Yabe S，Aiba Y，Sakai Y，et al. *Sphingobacterium thermophilum* sp. nov.，of the phylum *Bacteroidetes*，isolated from compost［J］. International Journal of Systematic and Evolutionary Microbiology，2013，63：1584-1588.

［190］ 王风平，彭方，黄英，等. 现代海洋极端环境微生物的地质作用及其分子和同位素响应年度报告［J］. 科技资讯，2016，14（21）：177-178.

［191］ Meng J，Xu J，Qin D，et al. Genetic and functional properties of uncultivated *MCG* archaea assessed by metagenome and gene expression analyses［J］. The ISME Journal，2014，8（3）：650-659.

［192］ Lazar C S，Baker B J，Seitz K，et al. Genomic evidence for distinct carbon substrate preferences and ecological niches of *Bathyarchaeota* in estuarine sediments［J］. Environmental Microbiology，2016，18（4）：1200-1211.

［193］ Evans P N，Parks D H，Chadwick G L，et al. Methane metabolism in the archaeal phylum *Bathyarchaeota* revealed by genome-centric metagenomics［J］. Science，2015，350（6259）：434-438.

［194］ 张丽梅，沈菊培，贺纪正. 奇妙的古菌——奇古菌（*Thaumarchaeota*）的代谢和功能多样性［J］. 科学观察，2015（6）：63-66.

［195］ 张丽梅，贺纪正. 一个新的古菌类群——奇古菌门（*Thaumarchaeota*）［J］. 微生物学报，2012，52（4）：411-421.

［196］ Kuroda K，Hatamoto M，Nakahara N，et al. Community composition of known and uncultured archaeal lineages in anaerobic or anoxic wastewater treatment sludge［J］. Microbial Ecology，2014，69（3）：586-596.

［197］ Sztejrenszus S Y. Effect of humic substances on microbial community composition and iron reduction in marine sediments［D］. Bremen：Universität Bremen，2015.

［198］ Ma K，Liu X，Dong X. *Methanobacterium beijingense* sp. nov.，a novel methanogen isolated from anaerobic digesters［J］. International Journal of Systematic and Evolutionary Microbiology，2005，55：325-329.

［199］ Mori K，Harayama S. *Methanobacterium petrolearium* sp. nov. and *Methanobacterium ferruginis* sp. nov., mesophilic methanogens isolated from salty environments [J]. International Journal of Systematic and Evolutionary Microbiology, 2011, 61: 138-143.

[200] Battumur U, Yoon Y M, Kim C H. Isolation and characterization of a new *Methanobacterium formicicum* kor-1 from an anaerobic digester using pig slurry [J]. Asian Australasian Journal of Animal Sciences, 2016, 29 (4): 586-593.

[201] Poulsen M, Schwab C, Jensen B B, et al. Methylotrophic methanogenic Thermoplasmata implicated in reduced methane emissions from bovine rumen [J]. Nature Communications, 2013, 4 (2): 66-78.

[202] Kotelnikova S, Macario A J, Pedersen K. *Methanobacterium subterraneurn* sp. nov., a new alkaliphilic, eurythermic and halotolerant methanogen isolated from deep granitic groundwater [J]. International Journal of Systematic Bacteriology, 1998, 48 (1): 357-367.

[203] Dridi B, Fardeau M L, Ollivier B, et al. *Methanomassiliicoccus luminyensis* gen. nov., sp. nov., a methanogenic archaeon isolated from human faeces [J]. International Journal of Systematic and Evolutionary Microbiology, 2012, 62: 1902-1907.

[204] Rea S, Bowman J P, Popovski S, et al. *Methanobrevibacter millerae* sp. nov. and *Methanobrevibacter olleyae* sp. nov., methanogens from the ovine and bovine rumen that can utilize formate for growth [J]. International Journal of Systematic and Evolutionary Microbiology, 2007, 57: 450-456.

[205] Kern T, Linge M, Rother M. *Methanobacterium aggregans* sp. nov., a hydrogenotrophic methanogenic archaeon isolated from an anaerobic digester [J]. International Journal of Systematic and Evolutionary Microbiology, 2015, 65: 1975-1980.

[206] Deppenmeier U, Johann A, Hartsch T. The genome of *Methanosarcina mazei*: evidence for lateral gene transfer between *Bacteria* and *Archaea* [J]. Journal of Molecular Microbiology and Biotechnology, 2002, 4 (4): 453-461.

[207] Zellner G, Stackebrandt E, Messner P, et al. *Methanocorpusculaceae* fam. nov., represented by *Methanocorpusculum parvum*, *Methanocorpusculum sinense* spec. nov. and *Methanocorpusculum bavaricum* spec. nov. [J]. Archives of Microbiology, 1989, 151 (5): 381-390.

[208] Borrel G, Joblin K, Guedon A, et al. *Methanobacterium lacus* sp. nov., isolated from the profundal sediment of a freshwater meromictic lake [J]. International Journal of Systematic and Evolutionary Microbiology, 2012, 62: 1625-1629.

[209] Wagner D, Schirmack J, Ganzert L, et al. *Methanosarcina soligelidi* sp. nov., a desiccation and freeze - thaw-resistant methanogenic archaeon from a Siberian permafrost-affected soil [J]. International Journal of Systematic and Evolutionary Microbiology, 2013, 63 (8): 2986-2991.

[210] Leahy S C, Kelly W J, Altermann E, et al. The genome sequence of the rumen methanogen *Methanobrevibacter ruminantium* reveals new possibilities for controlling ruminant methane emissions [J]. Plos One, 2010, 5 (1): e8926.

[211] Biavati B, Vasta M, Ferry J G. Isolation and characterization of "*Methanosphaera cuniculi*" sp. nov. [J]. Applied and Environmental Microbiology, 1988, 54 (3): 768-771.

[212] Miller T L, Wolin M J, Conway D M E, et al. Isolation of *Methanobrevibacter smithii* from human feces [J]. Applied and Environmental Microbiology, 1982, 43 (1): 227-232.

[213] 李晓萍，杨斌，张无敌，等．温度变化对沼气发酵产气率的影响研究［C］．上海：2012 年中国沼

气学会学术年会论文集.

[214] Lier J B V, Rebac S, Lettinga G. High-rate anaerobic wastewater treatment under psychrophilic and thermophilic conditions [J]. Water Science & Technology, 1997, 35 (10): 199-206.

[215] Lay J J, Li Y Y, Noike T, et al. Analysis of environmental factors affecting methane production from high-solids organic waste [J]. Water Science and Technology, 1997, 36 (6): 493-500.

[216] Chen Q. Kinetics of anaerobic digestion of selected C1 to C4 organic acids [D]. Columbia: University of Missouri-Columbia, 2010.

[217] Frankewhittle I H, Walter A, Ebner C, et al. Investigation into the effect of high concentrations of volatile fatty acids in anaerobic digestion on methanogenic communities [J]. Waste Management, 2014, 34 (11): 2080-2089.

[218] 芮俊鹏，李吉进，李家宝，等. 猪粪原料沼气工程系统中的原核微生物群落结构 [J]. 化工学报，2014, 65 (5): 1868-1875.

[219] O' Reilly J, Lee C, Collins G, et al. Quantitative and qualitative analysis of methanogenic communities in mesophilically and psychrophilically cultivated anaerobic granular biofilims [J]. Water Research, 2009, 43 (14): 3365-3374.

[220] Mchugh S, Carton M, Collins G, et al. Reactor performance and microbial community dynamics during anaerobic biological treatment of wastewaters at 16～37℃ [J]. FEMS Microbiology Ecology, 2004, 48 (3): 369 - 378.

[221] Lettinga G, Rebac S, Zeeman G. Challenge of psychrophilic anaerobic wastewater treatment [J]. Trends in Biotechnology, 2001, 19 (9): 363-370.

[222] Dong M, Wu Y, Li Q, et al. Investigation of methanogenic community structures in rural biogas digesters from different climatic regions in Yunnan, Southwest China [J]. Current Microbiology, 2015, 70 (5): 679-84.

[223] 李红丽. 挥发酸积累对干式厌氧产甲烷发酵的影响及其动力学研究 [D]. 郑州：郑州大学，2015.

[224] Angelidaki I, Ahring B K. Thermophilic anaerobic digestion of livestock waste: the effect of ammonia [J]. Applied Microbiology and Biotechnology, 1993, 38 (4): 560-564.

[225] Wilson C A, Novak J, Takacs I, et al. The kinetics of process dependent ammonia inhibition ofmethanogenesis from acetic acid [J]. Water Research, 2012, 46 (19): 6247-6256.

[226] 鲁书林，何莹，王风平. 瓜伊马斯深海热液口古菌分布及多样性研究 [J]. 第四纪研究，2013, 33 (1): 48-57.

[227] 袁月祥，曾李乐，闫志英，等. 玉米秆与猪粪混合发酵产沼气及其古菌解析 [J]. 应用与环境生物学报，2014, 20 (1): 117-122.

[228] Chen S. Toward understanding the physiological determinants of microbial competitiveness in methanogenic processes [J]. Knoxville: University of Tennessee, 2014.

[229] Wilkins D, Lu X Y, Shen Z, et al. Pyrosequencing of *mcrA* and archaeal 16S rRNA genes reveals diversity and substrate preference of anaerobic digester methanogen communities [J]. Applied and Environmental Microbiology, 2014, 81 (2): 604-613.

[230] 张林宝. 鄂霍次克海天然气水合物区与东海内陆架泥质区沉积物古菌多样性研究 [D]. 青岛：中国科学院海洋研究所，2009.

[231] Butterfield C N, Li Z, Andeer P F, et al. Proteogenomic analyses indicate bacterial methylotrophy

and archaeal heterotrophy are prevalent below the grass root zone [J]. PeerJ, 2016, 4: e2687.
[232] Etto R M, Cruz L M, Jesus E C, et al. Prokaryotic communities of acidic peatlands from the southern Brazilian Atlantic Forest [J]. Brazilian Journal of Microbiology, 2012, 43 (2): 661-674.
[233] Becker K W, Elling F J, Yoshinaga M Y, et al. Unusual butane-and pentanetriol-based tetraether lipids in *Methanomassiliicoccus luminyensis*, a representative of the seventh order of methanogens [J]. Applied and Environmental Microbiology, 2016, 82 (15): 4505-4516.
[234] Hanreich A, Schimpf U, Zakrzewski M, et al. Metagenome and metaproteome analyses of microbial communities in mesophilic biogas-producing anaerobic batch fermentations indicate concerted plant carbohydrate degradation [J]. Systematic and Applied Microbiology, 2013, 36 (5): 330-338.
[235] 王天光，李顺鹏，刘梦筠，等. 沼气发酵过程中主要微生物生理群的变化及物质转化对产气效率的影响 [J]. 南京农业大学学报，1984，7 (2)：47-54.
[236] 左剑恶，邢薇. 嗜冷产甲烷菌及其在废水厌氧处理中的应用 [J]. 应用生态学报，2007，18 (9)：2127-2132.
[237] Zhang D, Zhu W, Tang C, et al. Bioreactor performance and methanogenic population dynamics in a low-temperature (5-18℃) anaerobic fixed-bed reactor [J]. Bioresource Technology, 2012, 104: 136-143.
[238] Connaughton S, Collins G, O' Flaherty V. Development of microbial community structure and actvity in a high-rate anaerobic bioreactor at 18 ℃ [J]. Water Research, 2006, 40 (5): 1009-1017.
[239] 《云南农业地理》编写组. 云南农业地理 [M]. 昆明：云南人民出版社，1981，31-38.
[240] Kröber M, Bekel T, Diaz N N, et al. Phylogenetic characterization of a biogas plant microbial community integrating clone library 16S-rDNA sequences and metagenome sequence data obtained by 454-pyrosequencing [J]. Journal of Biotechnology, 2009, 142 (1): 38-49.
[241] Klocke M, Mähnert P, Mundt K, et al. Microbial community analysis of a biogas-producing completely stirred tank reactor fed continuously with fodder beet silage as mono-substrate [J]. Systematic and Applied Microbiology, 2007, 30 (2): 139-151.
[242] Tuan N N, Chang Y C, Yu C P, et al. Multiple approaches to characterize the microbial community in a thermophilic anaerobic digester running on swine manure: a case study [J]. Microbiological Research, 2014, 169 (9): 717-724.
[243] Rademacher A, Zakrzewski M, Schlüter A, et al. Characterization of microbial biofilms in a thermophilic biogas system by high-throughput metagenome sequencing [J]. FEMS Microbiology Ecology, 2012, 79 (3): 785-799.
[244] Chachkhiani M, Dabert P, Abzianidze T, et al. 16S rDNA characterisation of bacterial and archaeal communities during start-up of anaerobic thermophilic digestion of cattle manure [J]. Bioresource Technology, 2004, 93 (3): 227-232.
[245] Ziganshin A M, Liebetrau J, Pröter J, et al. Microbial community structure and dynamics during anaerobic digestion of various agricultural waste materials [J]. Applied Microbiology and Biotechnology, 2013, 97 (11): 5161-5174.
[246] Levén L, Eriksson A R B, Schnürer A. Effect of process temperature on bacterial and archaeal communities in two methanogenic bioreactors treating organic household waste [J]. FEMS Microbiology Ecology, 2007, 59 (3): 683-693.

[247] 曾洪学，屈兴红，童正仙，等．畜禽粪便恶臭的认识及生物治理的研究 [J]．北京农业，2011 (21)：15-17.
[248] 范蘪，王西傅，刘之慧．几株光合细菌的气体代谢及对产甲烷细菌甲烷生成的影响 [J]．应用与环境生物学报，1995，1 (2)：181-187.
[249] 胡宝兰，郑平，徐向阳，等．一株反硝化细菌的鉴定及其厌氧氨氧化能力的证明 [J]．中国科学 (C辑：生命科学)，2006，36 (6)：493-499.
[250] Dalsgaard T，Thamdrup B，Canfield D E. Anaerobic ammonium oxidation (anammox) in the marine environment [J]．Research in Microbiology，2005，156 (4)：457-464.
[251] Strous M，Heijnen J J，Kuenen J G，et al. The sequencing batch reactor as a powerful tool for the study of slowly growing anaerobic ammonium-oxidizing microorganisms [J]．Applied Microbiology and Biotechnology，1998，50 (5)：589-596.